KLEIN & WILD

KOSMOS

Vivara

INHALT

NATUR-GARTEN BASICS

Wenn ich mit Menschen über ihre Gärten spreche, fällt immer häufiger das Wort „Naturgarten". Es geht kaum noch um hochgezüchtete Exoten oder andere Raritäten, vielmehr um Garten-Erlebnisse und Natürlichkeit.

Doch im Grunde genommen widersprechen sich Natur und Garten. Früher bestand die Natur aus Wildnis, voller Artenreichtum, aber auch Gefahren. Deshalb legten unsere Vorfahren in Hausnähe umzäunte Bereiche an, aus denen sie sich versorgen konnten, die ersten Gärten. Heute müssen wir bei uns nach unberührter Natur auf die Suche gehen, sie ist kaum noch zu finden. Zugleich brauchen wir aber unsere Gärten nicht mehr zu schützen, im Gegenteil, wir können das Ganze nun umdrehen: im Garten mehr Natur und Wildnis zulassen.

Durch die Anlage kleiner Biotope und die Verwendung von Wildpflanzen können wir vielen Tieren einen Lebensraum bieten – Bienen, Käfern, Schmetterlingen, Igeln, Eidechsen und vielen mehr. Es gibt genügend Untersuchungen, die bestätigen, dass sich in naturnah gestalteten Gärten die Biodiversität und Artenvielfalt deutlich erhöhen. Wildnisgärten machen einfach Spaß und entschleunigen. Und das ist keine Frage der Größe. Wenn wir gleichzeitig die bisher übliche Art zu gärtnern verändern – einfach mal Abgeblühtes stehen lassen, weniger Rasen mähen und Pflanzen, die sich selbst ausgesät haben, wachsen lassen, entsteht ein kleines Paradies für Pflanzen und Tiere. In einem Naturgarten dürfen sich Bereiche frei entwickeln. Trotzdem fällt auch hier Arbeit an, nur anders. Ganz ohne Pflege geht es leider nicht, sonst wird der Wildnisgarten zur Wildnis. Und neben den Beobachtungen und dem Spaß, darf der Garten auch uns etwas bringen: Blumen, Kräuter, Obst und Gemüse. Das ergänzt sich wunderbar mit der Naturgarten-Idee: brauchen wir doch für fast alles fleißige Helfer zur Bestäubung der Blüten.

Spannen wir den Bogen zum großen Ganzen: Wenn man alle Gärten in Deutschland zusammenzählt, entspricht das ungefähr der Größe unserer Naturschutzgebiete. Stellt man das in Relation, finde ich die Vorstellung faszinierend, dass unser naturnah gestaltete Gärten einen beträchtlichen Beitrag zum Naturschutz leisten können.

NACHHALTIG GÄRTNERN – RESSOURCEN SCHONEN

Oft ergibt sich Nachhaltigkeit bei der Anlage eines Gartens von selbst, wenn aus finanziellen Gründen das verwendet wird, was einfach da ist: Den vorhandenen Boden zu nutzen, schont den Geldbeutel und schützt all die nützlichen Bodenlebewesen.

1 Kräuter wie Ysop vertragen Trockenheit. Die Blüten sind zugleich Hummelmagnete.

2 Eine Holzpalette lässt sich leicht in eine gemütliche Loungeliege verwandeln.

UPCYCLING

Wenn wir den Garten anders denken und uns neue Freiheiten herausnehmen, können wir ausprobieren und kreativ werden. Das betrifft auch viele Materialien. Ungewöhnliche Dinge lassen sich verwenden, vielleicht sogar upcyceln. Es wird so viel entsorgt, was im Garten einen neuen Einsatz finden kann. Zu den Klassikern zählen große Dosen und Blechbüchsen, welche zu Pflanztrögen werden oder alte Kunststoffgefäße, die eine neue Aufgabe als Regentonne bekommen. Aus Paletten oder alten Schaltafeln kann man einfach Hochbeete bauen.

Braucht man Mauern, weil der Garten sonst zu steil wird, sind regionale Natursteine die beste Wahl. Erkundigt euch in Steinbrüchen oder Kiesgruben in der Umgebung. Noch besser ist es, gebrauchten Naturstein zu verwenden. Dieser bringt oft den Charme einer schönen Patina mit, was den Garten gleich „reifer" aussehen lässt. Gleiches gilt für Beläge, auch hier ist es eine gute Idee, sich nach Recyclingmaterial wie gebrauchten Pflastersteinen umzusehen und ihnen ein zweites Zuhause zu geben. Wobei zunächst grundsätzlich zu klären ist, wie viel feste Beläge man für Flächen und Wege überhaupt braucht: Je weniger Versiegelung, desto besser für den Wasserhaushalt, umso mehr Regenwasser steht den Pflanzen im Garten zur Verfügung und umso mehr wird auch dem Grundwasser zugeführt. Das Thema „Wasser" steht im Garten immer mehr im Fokus. Wir sollten deshalb intelligent und sorgsam damit umgehen. Das beginnt bei Versickerung und Entsiegelung, geht über Wasserspeicherung wie Regentonnen und endet bei der Verwendung von trockenheitsverträglichen Gewächsen, die nicht oder wenig gegossen werden müssen.

DAS HERZ DES GARTENS

Ohne Zweifel machen die Pflanzen einen Garten aus. Und damit diese auch langfristig gedeihen, müssen sie an einen für sie passenden Standort gesetzt werden. Das ist die entscheidende Voraussetzung für einen nachhaltigen, klimafitten Garten. Ziel eines Naturgartens ist auch, dass sich die Pflanzen ohne Hilfestellung wie Bewässerungssysteme entwickeln. Und keine Sorge: Aus dem unendlichen Fundus der Pflanzenwelt findet sich auch für widrigste Gartenpartien etwas.

DER WEG ZU MEHR ARTENVIELFALT

Die Buntheit macht's

Je mehr unterschiedliche Pflanzen in einem Garten wachsen, desto mehr wird die Artenvielfalt gefördert. Um die Tierwelt zu unterstützen, müssen Pflanzen gewisse Voraussetzungen mitbringen (siehe auch S. 13). Machen wir uns Urwälder, in denen eine große Biodiversität herrscht, zum Vorbild: Denken wir auch im Garten in Stockwerken! Da gibt es die ganz Kleinen wie in einer Wiese, dann etwas größere Stauden, dazwischen Sträucher und drüber stehen die Bäume. Damit ist nicht nur auf kleinstem Raum maximaler Pflanzenreichtum ausgenutzt, die unterschiedlichen Arten fördern sich auch gegenseitig. Außerdem gibt es in jedem noch so kleinen Garten verschiedene Bereiche wie schattige Ecken, sonnige Beete oder Mauerfugen. Für jeden dieser Standorte gibt es perfekt angepasste Pflanzen. So wird insgesamt eine sehr breite Pflanzenpalette abgebildet.

Into the wild

In einem naturnahen Garten dürfen Samenstände stehen bleiben, Wiesen zum Blühen kommen und Keimlinge aus Ritzen wachsen, wie die Wegwarte auf dem Bild. Es wird nicht alles gleich abgemäht oder entfernt. Ein Naturgarten ist ganz schön konsequent. Wer einen Garten anlegt, tut sich da leichter, denn der beginnt von Neuem. Schwieriger haben es die, welche bisher gewohnt waren, anders zu gärtnern oder aus „guter Tradition" gelernt haben, dass ein Garten „sauber

Mein Tipp:
Erste Wahl für trockene Gartenzonen sind Wildpflanzen mit Pfahlwurzeln wie die aufrecht wachsende, gelb blühende Königskerze.

und ordentlich“ zu sein hat. Wildheit zuzulassen, müssen viele Gärtnerinnen und Gärtner erst einmal ertragen lernen – auch gegenüber Nachbarn. Wird es aber im Laufe der Zeit immer bunter, voller Blüten und Leben, kann man sich entspannen – und die Nachbarn hoffentlich auch.

Pflanzen – der Tierwelt vertraut

Frei nach dem Sprichwort „Was die Tierwelt nicht kennt, frisst sie nicht“. Es ist tatsächlich so, dass heimische Pflanzen sowohl von Insekten als auch anderen Tieren eher angenommen werden als Pflanzen fremder Länder. Man muss das zwar ein wenig differenzieren, aber die Grundtendenz stimmt. So gibt es beispielsweise einen Nordamerikanischen Vogelbeer-Baum mit weißen Früchten, die von unseren Vögeln nicht verzehrt werden. Das würde mit unserer Vogelbeere sicherlich nicht passieren, dafür lieben Amsel und Co. die roten Früchte zu sehr, wie auf dem Bild zu sehen ist.

Wildarten – klimaresilient und robust

Wilde Pflanzen fördern nicht nur die Tierwelt, sie sind auch robuster. Viele Wildarten, im Übrigen auch nicht heimische, besitzen kräftige, raue Blätter, welche gegen Hitze gewappnet sind. Manche haben tiefe Pfahlwurzeln, wodurch sie sich auch in Trockenphasen mit Feuchtigkeit aus dem Boden versorgen können. In der Natur müssen die Pflanzen ganz ohne das Zutun eines umsorgenden Gärtners überleben. Wenn das kein weiteres Argument ist, Wildpflanzen im Garten zu verwenden!

Ungefüllte Pfingstrosenblüte

Salbeiblüten liefern süßen Nektar.

Taubenschwänzchen am Natternkopf

Stockrosenblüten haben viel Pollen.

BLÜHENDE TREFFPUNKTE FÜR BIENEN, SCHMETTERLINGE UND CO.

Pflanzen dienen Tieren auf unterschiedlichste Weise als Nahrung, sie bilden deren Lebensgrundlage. Eine gegenseitige Abhängigkeit besteht bei blütenbesuchenden Insekten und Blühpflanzen. Im Laufe der Evolution haben sich Blütenpflanzen mit bestimmten Strategien auf Tierbestäubung spezialisiert, um die Samenbildung und damit ihre Fortpflanzung zu optimieren.

UNGEFÜLLTE BLÜTEN

So sehr die eine oder andere Blumenfreundin üppig gefüllte Blüten begeistern, Insekten ganz sicherlich nicht. Denn das, was ihnen wie der Pollen wichtig ist, finden sie darin nicht mehr. Halbgefüllte Blüten können ein Kompromiss sein: Hier gibt es für Insekten noch einen Ansatz von Pollen. Am pollenreichsten sind ungefüllte Blüten.

NEKTAR FÜR SCHLECKERMÄULCHEN

Schon einmal an der Blüte einer Taubnessel oder eines Rot-Klees gesaugt? Schmeckt zuckersüß. Und genau das lieben auch Insekten. Sie ziehen aus den Nektarien ganz bestimmter Blühstauden den süßen Saft. Den benötigen sie in erster Linie selbst als Energielieferant. Vor allem Lippenblütler wie Salbei oder Oregano sind super Nektarpflanzen.

POLLEN – BADEWANNE

Pollen ist unglaublich proteinreich und wird von Wildbienen eingesammelt, um die Brut damit zu versorgen und aufzuziehen. Es gibt beliebte Gartenpflanzen wie ungefüllte Rosen oder auch Pfingstrosen, die Insekten ganz besonders viel Pollen anbieten. Wenn eine Hummel in den großen Blüten Pollen sammelt, badet sie regelrecht darin. Sogar akustisch ist ihre Freude wahrnehmbar.

DUFT UND FARBE

Verrückt, aber wahr! Die für Menschen so starke Farbe Rot wird von unseren Insekten gar nicht gesehen. Für sie sieht Rot aus wie für uns Schwarz, und ist somit völlig unauffällig. Deshalb gibt es fast keine heimischen Blütenpflanzen in klassischem Rot. Insekten stehen eher auf Blüten in Rosa, Pink, Weiß, Gelb oder Blau und am liebsten ist ihnen, wenn diese noch duften. Das lockt sie auch in schattige Bereiche.

Mein Tipp:
Heimische, wilde Blühstauden, Sträucher und Bäume vereinen all die oben genannten Kriterien. Sie liefern zum Zeitpunkt ihrer Blüte Insekten massenhaft Nahrung. Dieser Aspekt sollte bei der Erstellung einer Pflanzen-Wunschliste mitgedacht werden.

ELEMENTE – FUNKTIONAL UND SCHÖN

Meist denkt man bei Gärten an Pflanzen. Aber ein Garten ist viel mehr und benötigt Strukturen. Im Naturgarten erfüllen viele eine Doppelfunktion: Sie sind Gestaltungselement und Biotop zugleich. Egal was ihr baut oder anlegt, überlegt, ob dies Lebensraum oder Behausung für Tiere sein kann. Ein wilder Garten kann gar nicht genug davon haben.

1 Steinelemente lassen sich in schattigen Bereichen super mit wilden Akeleien kombinieren.

2 Trockenmauern, Totholz und Wildpflanzen bilden für Insekten und Eidechsen die Lebensgrundlage.

NATURSTEINMAUERN UND STEINHAUFEN – DACH ÜBERM KOPF

Braucht ihr im Garten irgendwo Mauern, ist Trockenmauerwerk die beste Wahl. Diese haben viele Vorteile. Erstens sind sie ohne Zement, was Energie und Ressourcen schont. Zweitens können die losen Steine jederzeit verändert werden – sie sind ja nicht mit Beton verklebt. Und Ritzen, welche dadurch entstehen, sind Rückzugsort für wärmeliebende Tiere. Eine tagsüber erwärmte Steinmauer lockt Eidechsen an, aber auch manche Wildbienen nisten hier gerne. Wird im Garten keine Mauer gebraucht, könnt ihr Amphibien und Co. einfach einen losen Steinhaufen in der Sonne anbieten. Dieser erfüllt als Unterschlupf denselben Zweck.

NICHT NUR FÜR DURSTIGE: FEUCHTBIOTOPE

Oft mit Vorbehalt wird auf Wasserstellen im Garten geblickt. Aber diese erweitern die ökologische Bandbreite enorm. Egal ob ihr eine Zinkwanne mit Wasser befüllt und bepflanzt oder einen kleinen Gartenteich baut: Wasser hat eine unglaubliche Anziehungskraft auf Tiere. Und es dient nicht nur als unersetzliche Trinkstelle, auch als Lebensraum. Kaum gebaut, kommen schon die ersten Libellen.

SICHERHEITSZONE TOTHOLZ

Holz als Biotopstruktur darf auf keinen Fall fehlen. Platziert einfach dickere Äste oder Wurzelstöcke wie Skulpturen an verschiedenen Stellen im Garten. Mal in der Sonne, aber auch in schattigen Partien. Damit werden verschiedenste Organismen, von Käferlarven bis zu Kröten, gefördert.

Toll sind auch Asthaufen. In einem Garten fällt immer etwas Gehölzschnitt an. Den braucht ihr nicht zur Grün-Deponie zu fahren, viel besser ist es, in einem Garteneck einen Bereich dafür vorzusehen und immer wieder neue Ästchen daraufzulegen. So entsteht ein wunderbarer Rückzugsort für Igel oder Vögel. Im Nu haben vor allem Spatzen euren Asthaufen in Beschlag genommen.

NATURGARTEN-MEHRWERT

Die Elemente Steine, Totholz und Wasserstellen gehören auf alle Fälle irgendwo in euren wilden Garten, auch wenn ihr nicht viel Platz habt. Es braucht aber noch weitere Strukturen. Manches gibt es vielleicht schon in eurem Garten, entspricht aber nicht den ökologischen Anforderungen? Lässt sich alles verändern und verbessern!

WAS BRAUCHE ODER HABE ICH?	METHODE	ÖKOLOGISCHER MEHRWERT
Belagsflächen	So wenig wie möglich versiegeln, Kiesflächen anstatt Pflaster wählen.	Sonderstandort für wärmeliebende Pflanzen und Tiere.
Wiese und artenreicher Kräuterrasen	Rasenflächen mit Wiesenkräutern ergänzen.	Für Insekten wie Schmetterlinge, Grillen oder Wildbienen unersetzlich.
Blühende Bereiche	Wildstaudenbeete anlegen, in der Sonne und im Schatten möglich.	Hier kann man gezielt bestimmte Arten fördern, z. B. durch Raupenfutter-Pflanzen.
Hecken und Sichtschutz	Heimische Sträucher pflanzen, entweder als geschnittene oder als frei wachsende Hecke.	Bieten Nahrung und Schutz für Vögel und Insekten.
Bäume als Schattenspender	An die Größe des Gartens angepasste Baumarten pflanzen. Obstbäume gehen immer.	Ähnlich wie bei Hecken. Nur können hier noch Arten wie Bilche, Eichhörnchen oder Spechte hinzukommen.

Mein Tipp:
Steine in sonnigen Bereichen zwischen Stauden sind beliebte Aufwärmplätze für Eidechsen.

GESTAL-
TUNG –
VON DER
NATUR
ABGE-
SCHAUT

Ein Garten, in dem sich auch Tiere wohlfühlen, ist ohne üppige Pflanzungen nicht machbar. Doch jeder Garten – egal wie groß – ist anders: da ist volle Sonne, dort nur Schatten. Hier möchte ich gerne im Frühling sitzen, dort im Sommer? Und nicht zu vergessen, etwas Obst, Gemüse und Beeren ernten, wäre auch schön. Das alles unter einen Hut zu bekommen, scheint für kleine Gärten eine Herausforderung zu sein. Ist es nicht!

Als Erstes ist es wichtig, die Lichtverhältnisse und die Bodenbeschaffenheit zu untersuchen. Das ist für die Auswahl der Pflanzen grundlegend, denn sie sollen ja später ohne viel Zutun, vor allem ohne viel Gießen, gedeihen. Die eigenen Ansprüche und Nutzungsvorstellungen beeinflussen ebenfalls, für welches Grün und welches Design wir uns entscheiden. Es ist sicherlich nachvollziehbar, dass neben einem Sitzplatz etwas anders wachsen darf als in einem unwichtigen, schattigen Eck. In der Realität sind die Übergänge fließend. So können Kräuter genauso zwischen bunt blühenden Stauden wachsen, oder eine Hecke ist nicht nur Sichtschutz, sondern kann auch Obst liefern. Je kleiner ein Garten ist, desto wichtiger sind die Mehrfachfunktionen.

Der letzte, sehr spannende Aspekt ist der ökologische. Denn damit erweitern wir das Garten-Zusammenleben mit Tieren und die möglichen Beobachtungen. Ohne großen Mehraufwand, nur durch eine passende Pflanzenauswahl, abgestimmt auf unterschiedlichste Besucher, erhalten wir etwas Wildnis und Natur direkt vor unserer Haustür. Dass dies wirklich funktioniert, erlebe ich fast täglich bei mir im Garten: seien es die inzwischen nicht mehr zu zählenden Hummeln und Wildbienen oder die unterschiedlichsten Vogelarten, die nicht nur zum Fressen, sondern auch zum Brüten kommen.

Bei den Gestaltungsideen auf den nächsten Seiten stehen – wie oben beschrieben – unterschiedliche Gartenbereiche und Nutzungsschwerpunkte im Vordergrund. Sobald ihr euren Garten (Licht, Boden) analysiert habt, könnt ihr die Vorschläge auf eure Ansprüche übertragen. Was immer gilt: Alle Pflanzen habe ich unter dem Aspekt ausgesucht, dass sie in irgendeiner Form Tieren nutzen und klimaresilient sind.

MEIN BUNTER VORGARTEN – AUFTAKT ZUM HAUS

Ausgerechnet Eingangsbereiche von Gebäuden werden oftmals stiefmütterlich behandelt, obwohl man jeden Tag x-mal daran vorbeigeht. Vorgärten sollen einladend sein, Freude bringen und wie das Design einer Visitenkarte zeigen, was einen bewegt, was einem wichtig ist.

1 Im Schatten lange blühend und unkompliziert: Weißer Lerchensporn

2 Für kleine Bereiche wichtig: klare Struktur mit natürlicher Pflanzung

GEORDNETE WILDNIS IN WARTEPOSITION

Vorgärten sind meist klein, liegen direkt am Haus und oft eher im Schatten. Die Pflanzen im Vorgarten sollten über einen langen Zeitraum attraktiv sein. Viele Herausforderungen, aber machbar. Für sonnige Situationen sind sommerliche Dauerblüher wie das Patagonische Eisenkraut *(Verbena bonariensis)* genau das, was wir brauchen. Ist der Bereich eher schattig, eignen sich Schattenstauden (siehe S. 26) und Farne, meist mit besonderen Blättern.

Bevor es an die Wahl der Pflanzen geht, steht die Funktionalität auf dem Plan: Da müssen Mülltonnen oder Fahrräder untergebracht und manchmal Stufen gebaut werden, um überhaupt ins Haus zu kommen. Also alles ganz schön eng. Wichtig ist, dass man das Gefühl hat, willkommen zu sein und gerne ankommt. Unschönes, wie besagte Mülltonnen, sollte daher kaschiert werden.

Die besten Kandidaten für den Vorgarten

Die Pflanzungen in den Beeten dürfen auch hier schon erlebnisreich und wild sein. Ich selbst bleibe, wenn ich nach Hause komme, immer erst mal im Vorgarten „hängen". Da wird geschaut, welche Blüten sich geöffnet haben oder ob schon Bienen unterwegs sind. Doch das passiert ja nicht nur daheim: Auch vor anderen Haustüren wartet man nach dem Klingeln erstmal eine Runde. Und was macht man da? Man überbrückt das Warten mit Beobachtungen. Was für Stauden gedeihen beim Nachbarn besonders gut? Kann ich mir da ein paar Inspirationen holen? Steht dann noch eine Sitzbank vor der Tür, ist bei gutem Wetter ein entspannter Austausch fast sicher.

Mein Tipp:
Die Felsenbirne geht im Eingangsbereich fast immer, entweder als Strauch, Säule oder Hochstamm. Sie verträgt Trockenheit, blüht hübsch, hat eine tolle Herbstfärbung und die Beeren werden von Amsel und Co. geliebt.

Die pinkfarbenen Blüten des Judasbaums sind im späten Frühjahr ein absoluter Hingucker.

Ausgesprochen anspruchsloser, hübscher Bodendecker: die heimische Goldnessel

BLÜHGEHÖLZE ALS DRITTE DIMENSION

Ein Baum vor dem Haus ist ein Must-have: Er nimmt dem Haus die Höhe. Meist ist aber im Vorgarten nicht viel Platz, also sollte er kleinkronig sein, wie beispielsweise Zieräpfel *(Malus)*. Es gibt sie weiß oder rosa blühend. Im Herbst sind sie mit kleinen roten Mini-Äpfeln geschmückt. Wenn es extrem eng vor dem Haus ist, bleibt als Gehölz nur eine Säulenform. Neben dem Kronenwuchs ist zudem darauf zu achten, dass das Gehölz ein tiefreichendes Wurzelsystem hat. Damit versorgt es sich von weiter unten mit Feuchtigkeit und verträgt Trockenheit besser als Flachwurzler. Als wäre das nicht schon genug, sollte der Baum im Jahresverlauf optisch immer attraktiv sein und natürlich auch einen Mehrwert für die Tierwelt haben. Hierzu gehören neben dem Zierapfel die Manna-Esche *(Fraxinus ornus)*, der Judasbaum *(Cercis siliquastrum)* und die Quitte *(Cydonia oblonga)*.

Artenreiche Unterpflanzungen

Offener Boden erschwert das Gartenleben und sieht alles andere als schön aus. Oftmals wird dann unter Hecken oder Bäumen mit Rindenmulch ausgeholfen. Das macht es aber auch nicht besser. Der richtige Weg ist eine Unterpflanzung mit unkomplizierten Stauden oder blühenden Bodendeckern. Sie haben den Zweck, den Boden so zu bedecken, dass Unerwünschtes erst gar nicht wachsen kann – ein wichtiger Schritt zur Pflegeleichtigkeit.

Für Naturgärten gibt es erstaunlich viele insektenfreundliche Wildarten, welche bestens mit Schatten und Wurzeldruck zurechtkommen. Eine meiner Lieblingsbodendecker für schwierige Bereiche ist die Gewöhnliche Goldnessel *(Lamium galeobdolon)*. Neben gesundem Blatt und erwünschtem Ausbreitungsdrang ist sie mit ihren unzähligen goldgelben Zungenblüten im späten Frühling der absolute Hummelmagnet.

1
Dieser weiße Storchschnabel verträgt auch Schatten.

2
Unkompliziert, aber etwas ausbreitungsfreudig: Herbst-Anemonen

3
Besondere Blüten und Blätter: Salomonssiegel

VON WEGEN SCHATTENDASEIN – BUNTE STAUDEN

Habt ihr euch auch immer wieder darüber gewundert, dass an schattigen Hauseingängen die meisten Beete nicht schön aussehen? Und dabei gibt es eine ganze Menge an unterschiedlichsten, ja sogar auch bunten Stauden. Voraussetzung für meine Pflanzzusammenstellung ist, dass der Bereich schattig oder halbschattig ist, und der Boden nährstoffreich. Das könnt ihr durch eine Beimischung von Kompost erreichen. Bevor ihr euch ans Pflanzen macht, legt einen skurrilen Wurzelstock in das Beet. Das bringt Struktur, wenn eure Stauden noch nicht ausgetrieben haben. Käfer und Co. freuen sich über ein neues Zuhause.

Vor der Hauswand wachsen im Hintergrund Herbst-Anemone (*Anemone hupehensis* 'Praecox'), Salomonsiegel *(Polygonatum multiflorum)* und Glockenblume *(Campanula trachelium)*. Locker steht dazwischen die fluffige Wald-Schmiele (*Deschampsia cespitosa* 'Palava'). Die Lenzrose *(Helleborus orientalis)* mag ich sehr, da ihre Blätter immergrün sind und sie im zeitigen Frühling Hummeln Nahrung bietet. Mit der Zeit samt sie sich gut aus. Den Vordergrund bildet der Weißblühende Storchschnabel (*Geranium sanguineum* 'Album'). Zwischen der Pflanzung ist der Wald-Scheinmohn *(Meconopsis cambrica)* als farbiger und dauerblühender Eyecatcher eingewebt. Er ist unglaublich robust. Damit im zeitigen Frühling auch etwas blüht, könnt ihr im Herbst Zwiebeln der Wild-Narzisse dazwischensetzen. Sie wird nicht zu hoch, knickt nicht um und als Wildform vermehrt sie sich sogar etwas.

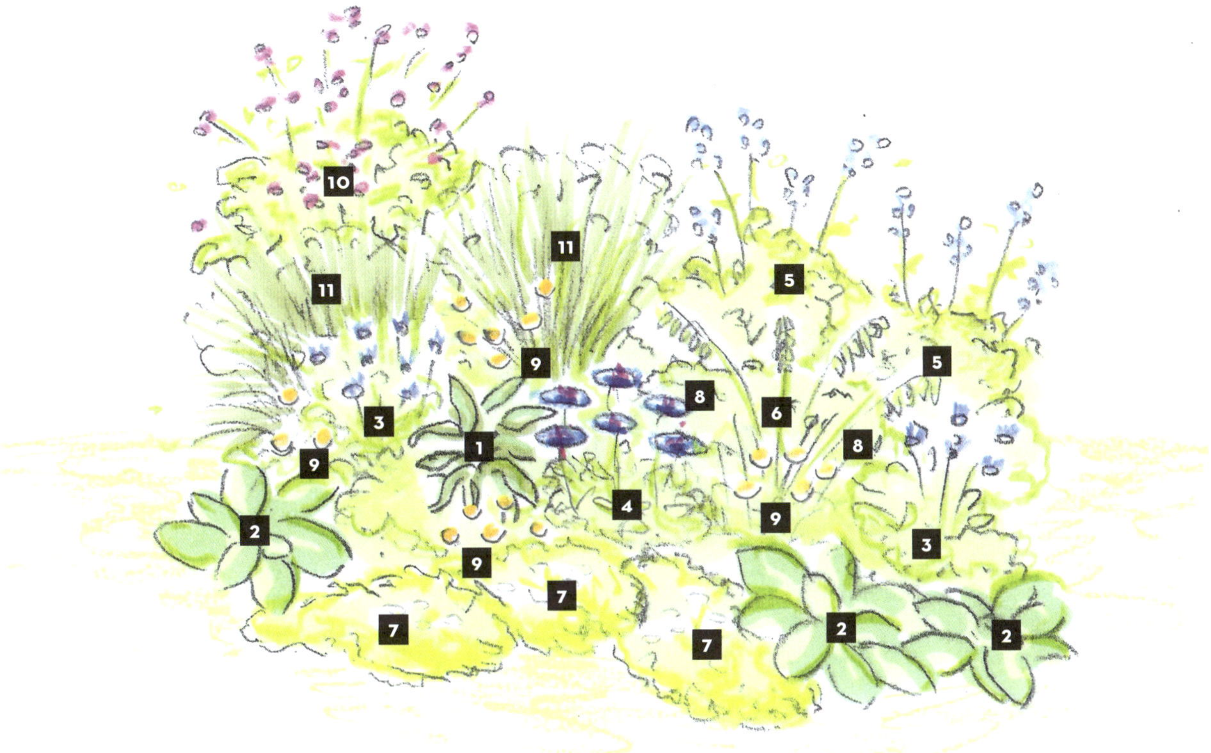

STAUDENBEET FÜR DEN SCHATTEN (CA. 3 M²)

	ART	J	F	M	A	M	J	J	A	S	O	N	D	HÖHE IN CM
							BLÜHZEIT							
	Stauden													
1	1 × Lenzrose *Helleborus orientalis*													30
2	3 × Kaukasus-Vergissmeinnicht *Bunnera macrophylla*													30
3	2 × Akelei *Aquilegia vulgaris*													40
4	1 × Berg-Flockenblume *Centaurea montana*													50
5	2 × Nessel-Glockenblume *Campanula trachelium*													60
6	1 × Vielblütiges Salomonssiegel *Polygonatum multiflorum*													60
7	3 × Weißer Storchschnabel *Geranium sanguineum* 'Album'													30
8	2 × Große Sterndolde *Astrantia major*													60
9	4 × Wald-Scheinmohn *Meconopsis cambrica*													30
10	1 × Herbst-Anemone *Anemone hupehensis* 'Praecox'													70
	Gräser													
11	2 × Kleine Wald-Schmiele *Deschampsia cespitosa* 'Palava'													40
	Zwiebelblumen													
	25 × Wild-Narzisse *Narcissus pseudonarcissus* ssp. *lobularis*													35

GESCHMACK-SACHE GARTEN GRENZE

Wer einen kleinen Garten hat, tut sich oft mit Umzäunungen schwer. Wenn man eh nicht viel Platz hat, sollte die Gartengrenze so gestaltet sein, dass sie für alle Bewohner, auch für tierische, attraktiv ist.

OFFEN FÜR ALLES

Besonders in neuen Wohngebieten mit sehr kleinen Grundstücken werden immer häufiger gar nicht alle Grenzen mit Hecken oder Zäunen definiert. Denn bei genauerer Betrachtung benötigt man diese nicht überall. Diese offene Durchlässigkeit erweitert die Gärten optisch. Besprecht mit euren Nachbarn, wo man solche Lücken lässt. Oder pflanzt gemeinsam Gehölze, das spart Platz ein. Dort, wo es einen Sichtschutz braucht, Richtung Nachbar oder Richtung Straße, bleibt eine Hecke die erste Wahl.

SICHTSCHUTZ BEI PLATZPROBLEMEN

Wenn es ganz eng zugeht, sind mit Kletterpflanzen begrünte Rankgitter eine gute Option (siehe S. 114). Die Arten sollten sich selbst am Rankgerüst festhalten können, wie das bei der Italienischen Waldrebe *(Clematis viticella)* mit vielen kleinen violetten Blüten von Juni bis Ende August der Fall ist.

Ein Klassiker ist der Efeu: immergrün und seine Blüten sind im Spätsommer wertvolle Wildbienen-Nahrung. Wer es eilig hat: Es gibt übrigens schon fertige Rankelemente mit Efeubewuchs. Was will man mehr?

Eine weitere Variante sind Spalierbäume. Wegen ihrer schmalen und besonderen Erziehung sind sie sehr platzsparend. Lasst euch bei einer guten Baumschule beraten, denn nicht jedes Gehölz eignet sich hierzu. Relativ unkompliziert sind Äpfel, Birnen oder Zieräpfel, die es als vorgezogene Spalierbäume fertig zu kaufen gibt, Ernteertrag und Insektenmehrwert inbegriffen. Die Wuchsform müsst ihr durch jährlichen Schnitt weiter erhalten. Aber keine Angst, mit ein wenig Übung macht das Spaß.

1 Birnbaum-Spalier – Nutzen und Sichtschutz in einem

2 Wildrosen sind attraktiv – für uns und viele Tiere.

1

2

Dornige Sträucher schützen Nester.

Beeren sind Winter-Vogelfutter.

Stieglitze lieben Karden-Samen.

Unterschlupf aus Ästen und Zweigen

LIEBLINGSORTE FÜR VÖGEL

Erfolg mit den gefiederten Garten-Mitbewohnern geht nicht von heute auf morgen. Etwas Geduld ist gefragt, aber diese lohnt sich. Seit einigen Jahren habe ich zusätzlich zu den klassischen Naturgarten-Strukturen noch ein paar weitere angeboten und siehe da: Unser Garten hat sich zu einem kleinem Vogelparadies entwickelt.

VOGELNÄHRGEHÖLZE

Hinter diesem Fachbegriff stecken heimische Sträucher, die ab dem Sommer Früchte ansetzen. Und das tun fast alle. Top ist beispielsweise der Schneeball *(Viburnum opulus)* oder die Vogelbeere *(Sorbus aucuparia)*, welche ich gerne als mehrstämmigen Kleinbaum verwende. Und wie der Name schon verrät: Sie ist DIE Nahrungsquelle für Vögel schlechthin.

KRAUTSCHICHT ZUM KNABBERN

Besonders unter sonnigen, warmen Hecken machen sich Stauden, wie beispielsweise die Karde oder das Leinkraut, gut. Diese beiden Arten verfügen über ein enormes Samenpotenzial. Stieglitze bekommen das sofort mit und im Spätsommer wird fleißig geerntet.

STACHELIGE LEBENSVERSICHERUNG

Auch wenn es für uns als Gartenbesitzer nicht ganz so angenehm ist: Stachlige Gehölze sind für Vögel überlebenswichtig. Nicht als Futter, sondern als natürlicher Schutz. Hier können sie sich zurückziehen und nisten: Weder Katze noch Marder wird sich gerne durch eine dornige Wildrosen- oder Weißdornhecke bis zum Nest quetschen. Die Jungvögel sind hier sicher.

ASTHAUFEN

Würde ich das nicht immer wieder bei mir im Garten erleben, es wäre keiner Erwähnung wert. Aber kaum legten wir nach einem Obstbaumschnitt das Astgewirr neben den Kompost, schon wurde es von Spatzen laut tschilpend besetzt. Seitdem legen wir ganz bewusst Asthaufen an. Und erfreuen uns an dem Gehüpfe unterschiedlichster Vogelarten darin.

NISTHILFEN

Wie schon erwähnt, sind Hauskatzen ein Problem für Vögel, vor allem wenn diese brüten. Deshalb sind Nistkästen und andere Bruthöhlen zu empfehlen. Vögel können sich wunderbar darin zurückziehen und ungestört brüten. Zudem macht es einfach Freude, das unglaubliche Gezwitscher der Kleinen zu hören, wenn sie gerade gefüttert werden, ein Natur-Erlebnis-Garten eben.

Mein Tipp:
Nistkästen kann es im Garten nicht genug geben. Sie werden nicht nur in der Brutphase, sondern das ganze Jahr genutzt, zum nächtlichen Schutz und Schlafen.

Mein Tipp:
Ein Block geschnittener Gehölze, um Platz zu sparen. Und daneben ein Blühstrauch. Die Mischung macht es. Verwendet ein buntes Potpourri unterschiedlicher Gehölze, aber auch Stauden als Unterpflanzung. Je artenreicher, desto schöner und vor allem auch nützlicher.

Heimischer Liguster: erst Blüten für Insekten, später Beeren für Vögel

Hohe Stauden wie Herbst-Anemonen ergänzen blühende Sträucher.

HECKEN – SICHTSCHUTZ VOLL MIT LEBEN

Grundsätzlich gibt es zwei Hecken-Typen: die frei wachsende und die geschnittene.

Wild und frei – die Blütenhecke

Ökologisch hochwertiger ist eine frei wachsende Hecke aus heimischen Blühgehölzen. Denn darin liegt ein Mega-Vorteil: Ungeschnittene Gehölze blühen üppig. Allerdings werden viele dieser Gehölze ziemlich groß. Kleiner bleibende Sträucher wie die Heckenkirsche *(Lonicera xylosteum)* sind genau richtig für eure kleine wilde Hecke – ihr findet sie auf Seite 116.

Als niedrige Hecke zur Begrenzung kann ich euch die Alpen-Johannisbeere *(Ribes alpinum)* empfehlen. Auch ohne Schneiden wird diese nicht höher als 1,50 Meter. Klar, man kann drüberschauen, aber manchmal ist das ja erwünscht.

Auch wenn ihr es bei der Anlage kaum erwarten könnt, dass die Hecke die Funktion eines Sichtschutzes erfüllt und endlich zuwächst: Pflanzt die Gehölze in dem Abstand, den sie in Hinblick auf ihre Endgröße auch benötigen. Das sieht zwei, drei Jahre echt mager aus. Wenn ihr nicht warten wollt, könnt ihr schon größere, also etwas ältere Exemplare in Baumschulen kaufen.

Gut in Form – die Geschnittene

Obwohl einiges für die natürlich wachsenden Sträucher spricht, ist die geschnittene Hecke im kleinen Garten eher die Regel. Sinnvoll und gut schnittverträglich sind Kornelkirsche *(Cornus mas)* und – etwas höher – Hainbuche *(Carpinus betulus)*. Altbewährt und doch nicht out: die Liguster-Hecke *(Ligustrum vulgare)*. Schneidet sie nur einmal im Jahr, dann blüht sie auch. Ihre Beeren bleiben bis in den Winter hängen und bieten damit Vögel Nahrung, wenn sonst fast nichts mehr zu finden ist. Auf immergrüne Exoten wie Thuja oder Kirschlorbeer bitte prinzipiell verzichten!

1 Kandelaber-Ehrenpreis: ungewöhnlicher Blütenstand

2 Ein zu Unrecht eher unbekannter Herbstblüher: die Vernonie

STAUDENHECKE – ÜBER DEN ZAUN GESCHAUT

Bei kleinen Gärten stellt sich oft die Frage: Brauchen wir einen Sichtschutz und wie soll der aussehen? Wenn ihr in Teilbereichen einfach nur die Grenzen eures Gartens definieren möchtet, dann ist eine Staudenhecke genau das richtige. Idealerweise wird sie vor einen Zaun gepflanzt. Denn die Stauden für solche „Hecken“ sind teils so hoch, dass sie sich anlehnen müssen. Der üppige und lebendige Charakter der Hecke kommt erst ab dem Frühsommerr so richtig zur Geltung, wenn die Nachtviole *(Hesperis matronalis)* zu blühen beginnt. Dafür aber bis weit in den Spätherbst, worüber sich Schmetterlinge und Wildbienen freuen. Der Standort sollte sonnig sein und der Boden ein normaler Gartenboden.

Gut gestaffelt

Die Höhen bilden in der hinteren Reihe zwei Herbsthighlights: Vernonie *(Vernonia crinita)* und Raublatt-Aster (*Aster novae-angliae* 'Rubinschatz'). Ich verwende diese Asternart sehr gerne, da sie keine Blattkrankheiten bekommt und auch sonst sehr robust ist. In zweiter Reihe bringen die Kugeldistel *(Echinops ritro)* und der Kandelaber-Ehrenpreis *(Veronicastrum virginicum)* mit seinen Kerzenblüten Struktur ins Beet. Dazwischen darf der locker wüchsige und zauberhafte Eibisch *(Althaea cannabina)* wachsen. Auch ein Gras ist dabei: das Garten-Sandrohr (*Calamagrostis × acutiflora* 'Karl Foerster'). Es hat einen straffen Wuchs, wodurch es gliedernd wirkt. Den Vordergrund bilden Prachtkerzen *(Gaura lindheimeri)*. Die Sorte 'Whirling Butterflies' ist kompaktwüchsig und blüht reinweiß. Farblich ist das Beet Ton-in-Ton gehalten. Einzige Ausnahme bildet die ausgesprochen hochwüchsige Stauden-Sonnenblume (*Helianthus microcephalus* 'Lemon Queen'). Das kalte Zitronengelb macht sich sehr schön zu Rosa und Pink, ohne zu dominieren. Im Frühjahr, wenn man noch gar nicht genug von warmem Gelb haben kann, blüht ein Meer von Osterglocken, bevor die Stauden austreiben.

STAUDENHECKE (CA. 4 LFM)

	ART	J	F	M	A	M	J	J	A	S	O	N	D	HÖHE IN CM
		BLÜHZEIT												
	Stauden													
1	2 × Weiße Nachtviole *Hesperis matronalis* 'Alba'													70
2	2 × Kandelaber-Ehrenpreis *Veronicastrum virginicum*						■	■	■					120
3	2 × Kugeldistel *Echinops ritro*							■	■	■				130
4	3 × Prachtkerze *Gaura lindheimeri* 'Whirling Butterflies'													70
5	1 × Stauden-Sonnenblume *Helianthus microcephalus* 'Lemon Queen'							■	■	■	■			180
6	2 × Hanfblättriger Eibisch *Althaea cannabina*								■	■	■			160
7	1 × Herbst-Anemone *Anemone japonica* 'Königin Charlotte'								■	■	■			120
8	1 × Vernonie *Vernonia crinita*									■	■			180
9	1 × Raublatt-Aster *Aster novae-angliae* 'Rubinschatz'									■	■	■		130
	Gräser													
10	2 × Sandrohr *Calamagrostis* x *acutiflora* 'Karl Foerster'													180
	Zwiebelblumen													
	50 × Osterglocke *Narcissus* 'Dutch Master'			■	■									45

LIEBLINGS-ORTE – HIER BIN ICH GERN

Je nach Jahreszeit und Stimmung halten wir uns im Garten an unterschiedlichen Plätzen auf – zum Essen, Feiern oder Ausruhen. An heißen Sommertagen suchen wir Schatten, im Frühling genau das Gegenteil.

THEMENPLÄTZE

Das Konzept einer einzigen Terrasse hat sich überholt, auch in kleinen Gärten. Wir brauchen sonnig-warme, aber auch schattig-lauschige Bereiche. Neben einer befestigten Hauptterrasse – meist direkt am Haus, großzügig angelegt und sonnig – sind je nach Gartengröße ein oder mehrere kleine Sitzbereiche in anderen Gartenecken einzuplanen. Diese können ganz einfach, zum Bespiel mit einer Kiesfläche wie im Biergarten, gestaltet sein, ideal für schattige Partien unter einem Baum. Bistro-Tisch und Stühle daraufstellen – fertig. Für Liebhaber von Lagerfeuerromantik könnte es eine Feuerstelle geben. Oder einfach eine kleine Kuschel-Ecke mit Liegestuhl auf dem Rasen, abgeschirmt durch üppig blühende Staudenbeete. Im Garten gibt es viele Möglichkeiten, um es sich gemütlich zu machen.

MITTEN IM BLÜTENMEER

Wie immer und überall im Garten: Die Pflanzung bringt das besondere Etwas. Dort, wo ihr euch länger aufhaltet, sollte sie einen Erlebniswert haben. So könnt ihr euch beispielsweise mit duftenden Stauden umgeben. Super ist da die mehrjährige Mondviole *(Lunaria rediviva)*. Vor allem in der Dämmerung duftet sie betörend.

An sonnigen Sitzplätzen plane ich gern ein paar der Top-Insektenmagnete ein, denn dann ist immer was los. Wächst dort im Frühsommer üppig über mehrere Wochen eine rotblühende Spornblume *(Centranthus ruber)*, sind auch Schmetterlinge nicht mehr weit.

1 An den Blüten der Spornblume tut sich im Sommer immer etwas, hier freut sich gerade ein Taubenschwänzchen über Nektar.

2 Lieblingsplatz für eine Liege zwischen Gräsern und Stauden

1

2

Mein Tipp:
Für besonders sonnige Bereiche ist eine Holzterrasse ideal: Sie erwärmt sich nur leicht und man kann auch bei Hitze barfuß darauf laufen.

CHECKLISTE FÜR VERSCHIEDENE SITZBEREICHE

Diese Zusammenstellung hilft bei der Auswahl, in welchem Gartenbereich welche Art von Sitzplatz passen könnte. Bei selten oder nur temporär genutzten Sitzplätzen sollten Beläge so wenig wie möglich voll versiegelt sein, damit das Regenwasser direkt versickern kann.

NUTZUNG	STANDORT	BELAG	AUSSTATTUNG
Hauptterrasse zum Essen und Feiern	Hausnähe, meist südseitig und sonnig	Naturstein- oder Betonplatten, Holzdeck	Begrünte Pergola als Schattenspender, großer Tisch
Frühstücks- und später am Tag Schattenplatz	Hausnähe, Ostseite	Pflaster mit Sickerfuge, Kies	Wasserstelle als Kühlungseffekt, kleiner Tisch
Schattenplatz zum Essen und Entspannen	Unter einem Baum	Wiese, Kies, Rasen	Holzmöbel, Hängematte, Gartenschaukel
Frühlings- und Winterplätzchen für eine Tasse Tee	Vor einer Wand Richtung Westen, windgeschützt	Kies, Wiese oder Tritt-Platten	Gartenbank, kleines Tischchen
Sonnenbaden und Ausruhen	Unter Obstbäumen, in der Wiese	Wiese	Gartenliege
Feuerstelle	Offener Bereich im Garten, mindestens 2 m Entfernung zu Gehölzen	Kies oder Trittplatten	Sitzsteine oder Holzpoller/ Baumstämme

1
Bergminze: unermüdlicher Dauerblüher im Spätsommer

2
Insekten lieben ihn: Mannstreu.

3
Zart wirken die hängenden Blütenblätter vom Scheinsonnenhut.

1

2

3

GRAVEL GARDEN – EXPERIMENTIERFELD

Vorab: Das ist keine monotoner Schottergarten, ganz im Gegenteil. Der ideale Standort ist in der prallen Sonne. Ich lege ihn gerne im Anschluss an einer Terrasse an, da er einen super Übergang von Belag zu Pflanzung bildet. Schön ist, wenn Platten sich mit dem Kies verzahnen. Der Boden sollte durchlässig sein. Dies könnt ihr durch Einarbeiten von etwas Sand erreichen. Bleibt dabei ungefähr 7 cm unterhalb der geplanten Endhöhe, da noch eine mineralische Mulchauflage (vgl. S. 88) darauf verteilt wird: feiner Kies oder Kalksplitt, Hauptsache regionales Material. Neben der passenden Optik verhindert der Mulch den Aufwuchs von Flugunkräutern und schützt den Boden vor Austrocknung.

Ton in Ton, aber alles andere als langweilig

Das strukturierende, höhere Gerüst bilden die Indianernessel (*Agastache rugosa* 'Blue Fortune') und die Königskerze *(Verbascum nigrum* 'Alba'). Verspielt wächst dazwischen der Scheinsonnenhut *(Echinacea pallida)*, fast exotisch wirkt das Mannstreu (*Eryngium planum* 'Blaukappe'). Diese Sorte ist stahlblau und kompaktwüchsig. Einen farblichen Dauerakzent bringt der Wiesen-Salbei, hier in Rosa (*Salvia pratensis* 'Rose Rhapsody'). Fluffig weben sich durch die Pflanzung die zierliche Garten-Bergminze (*Calamintha nepeta* 'Triumphator') und das Reiher-Federgras *(Stipa tenuissima)*. Auch im Vordergrund gibt es nochmals straffaufrechte Blütenstände: der Silberpolster-Ehrenpreis (*Veronica spicata* 'Silberteppich') und die Purpur-Königskerze *(Verbascum phoeniceum)* mit eher lockeren, lilafarbene Blütenkerzen.
Auf Frühlingszwiebeln habe ich verzichtet, da die Küchenschelle als perfekte Staude für einen Gravel Garden wundervoll im zeitigen Frühjahr blüht.

GRAVEL GARDEN (CA. 3 M²)

	ART	J	F	M	A	M	J	J	A	S	O	N	D	HÖHE IN CM
							BLÜHZEIT							
	Stauden													
1	3 × Küchenschelle *Pulsatilla vulgaris*			■	■									20
2	2 × Purpur-Königskerze *Verbascum phoeniceum*					■	■							70
3	2 × Rosa Wiesen-Salbei *Salvia pratensis* 'Rose Rhapsody'					■	■	■		■				40
4	2 × Silberpolster-Ehrenpreis *Veronica spicata* 'Silberteppich'						■	■						25
5	1 × Scheinsonnenhut *Echinacea pallida*						■	■	■					120
6	1 × Weißblühende Königskerze *Verbascum nigrum* 'Alba'													120
7	1 × Kleiner Mannstreu *Eryngium planum* 'Blaukappe'													60
8	1 × Blaunessel *Agastache rugosa* 'Blue Fortune'							■	■	■				80
9	3 × Garten-Bergminze *Calamintha nepeta* 'Triumphator'													40
	Gräser													
10	3 × Reiher-Federgras *Stipa tenuissima*													60

IDEALER SITZPLATZ – SONNIG AM MORGEN, KÜHL AM NACHMITTAG

Noch bis vor ein paar Jahren fristete der Garten an der Haus-Ostseite im wahrsten Sinne ein Schattendasein, war oft ein Zwischen-Abstellplatz für allerlei Unrat. Heute wegen der häufigen Hitzetage liegt hier ein Potenzial: Vormittags scheint die Sonne, ab mittags ist der Schlagschatten des Hauses eine Garantie für Kühlung – ideal für einen kleinen Sitzplatz: für ein Frühstück in der Sonne oder für eine erfrischende Pause am Nachmittag. Pflanzen haben es hier nicht ganz so einfach, denn er ist eher schattig und oft trocken. Aber es gibt auch für diesen Bereich schöne Pflanzen. Hierzu gehört die wundervoll lila blühende und zudem duftende Nachtviole *(Hesperis matronalis)*. Den richtigen Standort finden hier auch Clematis, zum Beispiel Wildformen wie *Clematis montana*.
Sie kann bis zu 8 Meter hoch werden. Im späten Frühjahr ist sie übersät mit zartrosa Blüten. Etwas verhaltener im Wuchs, aber genauso robust ist die Italienische Waldrebe *Clematis viticella*. Es gibt sie in verschiedenen Blütenfarben, von Weiß bis Dunkelpurpur.

Ausruhen unter kühlenden Bäumen

Ganzjahres-Vogelfutterstelle

Nahrungsquelle Blühgehölze

Schattenpflanzung unter Bäumen

BÄUME – SCHATTENSPENDER UND BIOTOPE

Es gibt so viel, was dafür spricht, Bäume zu pflanzen. Die Realität, besonders in Neubaugebieten, ist eine andere. Manchmal braucht es seine Zeit, bis man bemerkt, dass Bäume im Garten im Sommer für ein ganz anderes, angenehm kühlendes Klima sorgen. Kein Vergleich zu Sonnenschirm oder Segel. Bäume puffern Hitzetage und Tropennächte ab. Zugleich, in Stockwerken gedacht, locken sie nochmals ganz andere Tiere in den Garten, geben Lebensraum. Also, verpasst eurem kleinen Garten eine weitere Dimension!

ART UND GRÖSSE

Es gibt eine riesige Auswahl an Arten, manche wachsen zu schnell für einen kleinen Garten, andere haben keinen Zusatzwert für Tiere. Die ausschlaggebenden Kriterien sind der zukünftige Kronen-Durchmesser und die spätere Höhe. Irgendwann dürfen auch einzelne Kronen ineinander wachsen, je nachdem, was man möchte. Auch das Wurzelwachstum ist wichtig, am besten sind Pfahl- oder Herzwurzler. Sie kommen gut mit Trockenperioden zurecht und lassen sich gut unterpflanzen.

BÄUME – TIERISCH GUT

Auf der Suche nach Arten mit einem Mehrwert für Tiere, landet man entweder bei Obstgehölzen oder heimischen Wildarten. Die Massen an Blüten sind ein Superfood für wiederum Massen an blütenbesuchenden Insekten. Im Baum selbst leben zudem Käfer und Larven, auch Vögel und andere Tiere. Und wenn euer Baum noch Wildfrüchte ansetzt, läuft alles perfekt (siehe S. 120).
Obstbäume wie Äpfel, Birnen oder Pflaumen versorgen euch mit frischem, eigenem Obst in Bio-Qualität. Eine artreiche Wiese unter den Obstbäumen anlegen, dazwischen eine Hängematte aufhängen: himmlisch.

WALD-GARTEN

Anstatt eine Wiese anzulegen, könnt ihr unter den Bäumen auch heimische Waldstauden pflanzen. Vor allem im Frühling, die Hochsaison heimischer Schattenstauden, erfreuen uns viele Wildstauden mit ihren Blüten (siehe S. 108). Das funktioniert auch mit wenig Platz, hat aber eine „vergrößernde" Wirkung. Eine Kombi aus Wiese, Waldstauden und Bäumen, mehr Biodiversität geht nicht.

Mein Tipp:
Fragt bei eurer Gemeinde oder Stadt nach, welche Auflagen es gibt, wie weit ihr bei der Pflanzung eines Baumes von der Grundstücksgrenze abrücken müsst. Das ist sehr unterschiedlich.

Mein Tipp:
Dank des lockeren und etwas lichtdurchlässigen Wuchses der Obstbäume entwickelt sich Gras darunter recht gut. Ein idealer Ort für einen sommerlichen Rasen-Sitzplatz: Hier ist Kühlung von oben und unten garantiert.

Gut aufpassen, dass von der Feuerstelle keine Funken überspringen. Ich habe immer eine mit Wasser gefüllte Gießkanne griffbereit.

VITAMIN-C-LADESTATION ZWISCHEN OBSTBÄUMEN

Auch wenn wir immer häufiger den Schatten suchen, vor allem nach dem Winter ist in Maßen Sonne zu tanken wichtig und der Nachholbedarf groß. Deshalb kommen im Frühling bei mir als Erstes meine Liegestühle aus dem Winterlager raus in den Garten. Ich platziere sie direkt unter den noch blattlosen Kronen eines Apfelbaums. Das durchschimmernde Licht erfüllt seinen Zweck zum Sonnenbaden. Ein paar Wochen später, zur Apfelblüte, kann ich die Welt von unten betrachten und den fleißigen Bienen beim Bestäuben zusehen. Sobald es heiß wird, hat nun der Baum sein kühlendes Blätterdach. Im Herbst wird es noch mal richtig erlebnisreich: Dann beginnt der „Kampf“ um die süßen Früchte. Was von Amseln begonnen wurde, wird von Wespen weitergeknabbert. Und diese werden wiederum von einzelnen Hornissen gejagt. Spannend! Und außer zur Wiesen-Mahd bleibt der Liegestuhl an einem meiner Lieblingsorte stehen.

FEUERSTELLE ODER -SCHALE

Egal ob man im Garten eine feste Feuerstelle anlegt oder sich eine mobile Metall-Feuerschale zulegt, sie braucht einen geeigneten Platz: Weder darf das Feuer die eigenen Bäume noch der Rauch die Nachbarn beeinträchtigen. Meist ist das am Rande einer Wiese oder Rasenfläche der Fall, weit genug weg vom nächsten Gehölz oder üppigen Staudenbeet. Für einen Feuerplatz eignet sich eine Kiesfläche, in der ein Kranz aus größeren Natursteinen als Einfassung liegt. Feuerschalen haben den Vorteil, dass man sie im Garten versetzen und herumtragen kann. In der Praxis bleiben sie aber doch meistens an dem Ort, wo man sie hingestellt hat.

1
Lockerer Blütenstand des Wald-Geißbarts

2
Lilablau leuchtet das Leberblümchen im Frühling.

3
Filigran und doch robust: Gelber Lerchensporn

1

2

3

PROBLEMZONE TROCKENER SCHATTEN

Trockener Boden und dann noch ohne Licht, wächst da überhaupt etwas? Ja klar, wie in einem Laubwald: Im Frühling, wenn die Bäume noch keine Blätter haben, blüht dort eine ganze Menge. In einem Garten, in dem Büsche oder Bäume wachsen, stellt einen besonders das „Darunter" vor Herausforderungen. Denn zum einen entziehen Gehölze dem Boden Wasser und in der Vegetationszeit kommt wegen dem Blattwerk kaum Regen durch. Habt ihr noch keine Sträucher im Garten, plant die Krautschicht gleich mit!

In Stockwerken gedacht

Als oberes Stockwerk eignet sich ein mehrstämmiger Judasbaum *(Cercis siliquastrum)*. Im Frühling vor dem Blattaustrieb blüht er pink und im Herbst haben seine Blätter eine leuchtend gelbe Farbe. Weil er wegen seiner tiefen Wurzel mit Trockenheit umgehen kann, zählt er zu den Klimagehölzen. Side Effect: Er lässt sich gut unterpflanzen. Bei der Auswahl an Stauden schwebt mir ein Waldbild vor. Im Hintergrund leuchten die hellen Blüten des mächtigen Wald-Geißbarts *(Aruncus diocus)*, an seinem Fuß schmiegt sich der immergrüne Schildfarn *(Polystichum setiferum)*. Der Farn wie auch das sehr zeitig blühende, immergüne Leberblümchen *(Hepatica nobilis)* bringen im Winter Struktur ins Beet. Unter dem Judasbaum wächst flächig die Sternmiere *(Stellaria holostea)*. Falls sie euch zu breit wird, einfach reduzieren. Ein weiterer Bodendecker ist die Wald-Anemone *(Anemone sylvestris)*. Nicht nur ihre Blüten sind ein Hingucker, auch die Samenstände. Farbe bringt der unermüdlich blühende Gelbe Lerchensporn *(Corydalis lutea)* ins Beet. Für Blüten im Frühling Schneeglöckchen und Alpenveilchen dazwischensetzen.

PROBLEMZONE TROCKENER SCHATTEN (CA. 3 M²)

	ART	J	F	M	A	M	J	J	A	S	O	N	D	HÖHE IN CM
		BLÜHZEIT												
	Stauden													
1	3 × Heimisches Leberblümchen *Hepatica nobilis*			■	■									10
2	3 × Frühlingsplatterbse *Lathyrus vernus*			■	■									30
3	3 × Große Sternmiere *Stellaria holostea*													30
4	3 × Großes Wald-Windröschen *Anemone sylvestris*													40
5	2 × Akelei *Aquilegia vulgaris*					■	■	■						40
6	3 × Lerchensporn *Corydalis lutea*					■	■	■	■	■				25
7	1 × Wald-Geißbart *Aruncus dioicus*													80
8	3 × Bergwald-Storchschnabel *Geranium nodosum*						■	■	■	■	■			50
9	2 × Wald-Aster *Aster divaricatus*													50
	Gräser und Farne													
10	3 × Schnee-Marbel *Luzula nivea*													30
11	1 × Schildfarn *Polystichum setiferum*	blüht nicht												60
	Zwiebelblumen													
	50 × Kleines Schneeglöckchen *Galanthus nivalis*													10
	5 × Frühlings-Alpenveilchen *Cyclamen coum*		■	■										10

SONNIGES STAUDENBEET – VIELFÄLTIG UND ERLEBNISREICH

Auch wenn ich für ganz viele Gartenthemen brenne, muss ich zugeben, dass Staudenbeete, vor allem die in der Sonne, etwas ganz Besonderes sind. Denn da tut sich immer etwas, da können wir experimentieren, da samt es sich aus. Und natürlich kommen dementsprechend die passenden Insekten. Staudenbeete in der Sonne sind ein super Beobachtungsplatz.

Humoser Boden für Flockenblume und Akelei

Hitzekünstler Lavendel als Falter-Magnet

AUF DER SUCHE NACH SONNIGEN PLÄTZEN

Für alle Standorte gibt es wundervolle Pflanzen, aber die in der Sonne sind ganz besonders bunt und blütenreich. Das liegt wohl auch daran, dass sich blütenbesuchende Insekten lieber im Warmen aufhalten als im kühlen Schatten. Deshalb könnt ihr hier so richtig aus dem Vollen schöpfen, der Korb an wärme- und sonnenliebenden Stauden ist prall gefüllt – zum Musterbeet einmal umblättern.

Der beste Platz für ein Insektenbeet

- Wo ist es sonnig, am besten den ganzen Tag oder zumindest mit Nachmittagssonne?
- Welchen Boden habe ich da?
- Kann ich meine zukünftige Pflanzung gut sehen und erleben?
- Habe ich vielleicht schon Beete, welche ich umgestalten und weiterentwickeln kann, was ist erhaltenswert?
- Welche Pflanzen möchte ich unbedingt haben?

Mein Tipp:
Ich stelle gerne den Vergleich zu Rasenflächen auf: Diese müssen das ganze Jahr über oft gemäht und gewässert werden. Bei einer Staudenpflanzung fallen nur drei Arbeitsgänge an.

PFLEGELEICHT – KEINE ANGST VOR ÜPPIGER BLÜTENPRACHT

Wie viel Arbeit machen denn eigentlich solche Beete? Muss man viel gießen? Nein, keine Sorge! Eine gute Bodenvorbereitung (siehe S. 78) und eine standortgerechte Staudenwahl sorgen für einen überschaubaren Aufwand. Auch in Trockenperioden kommen die entsprechenden Pflanzen ohne großes Zutun gut zurecht. Das Gießen fällt fast gänzlich weg. Nur im Frühling, bevor alles so richtig zum Wachsen kommt, sind unerwünschte Keimlinge aus den Beeten zu entfernen. Ansonsten sind sie extrem pflegeleicht.

1
Der Purpur-Klee leuchtet im Frühsommer kräftig.

2
Katzenminze ist ein unkomplizierter Dauerblüher.

3
Goldbaldrian passt am besten in den Beethintergrund.

FARBEXPLOSION IN DER SONNE

Für dieses bunte Staudenbeet braucht ihr einen Gartenbereich, der von mittags bis in den Abend schön viel Sonne bekommt. Dank der kräftigen, leuchtenden Blütenfarben kann das Beet auch etwas entfernt von der Terrasse liegen. Ein ganz normaler Gartenboden wäre ideal. Gerne könnt ihr ihn mit etwas Kompost verbessern, denn diese Stauden brauchen Nahrung. Aber bitte nicht extra düngen. Etwas Trockenheit verträgt diese Staudenkombi.

Prächtige Insektenmagnete

Alle ausgewählten Stauden sind super für Insekten, ihre Blüten sind wahre Nektar- und Pollen-Tankstellen. Den Hintergrund des Beetes bilden pinkfarbener Blut-Weiderich (*Lythrum salicaria* 'Robert') und Heimische Goldrute *(Solidago virgaurea)* – beide mit schönen, sommerlichen Blütenkerzen. Leicht wirkt dazu der Goldbaldrian *(Patrinia scabiosifolia)*. Davor tummeln sich im Wechsel Knäuel-Glockenblume *(Campanula glomerata)*, Purpur-Klee *(Trifolium rubens)* und Steppen-Salbei (*Salvia nemorosa* 'Caradonna'), dazwischen die Blütenbälle der Purpur-Witwenblume *(Knautia macedonica)*. Den seitlichen Abschluss bilden die dauerblühende Katzenminze (*Nepeta × faassenii* 'Walkers Low') und die hell-zarte Bibernelle *(Pimpinella saxifraga)*. Damit sich auch im Vordergrund nochmals etwas Gelb wiederholt, tanzen die halbrunden Blüten der Skabiose *(Scabiosa ochroleuca)* über der Pflanzung. Im Herbst dran denken, die Zwiebeln der Narzissen locker dazwischenzusetzen.

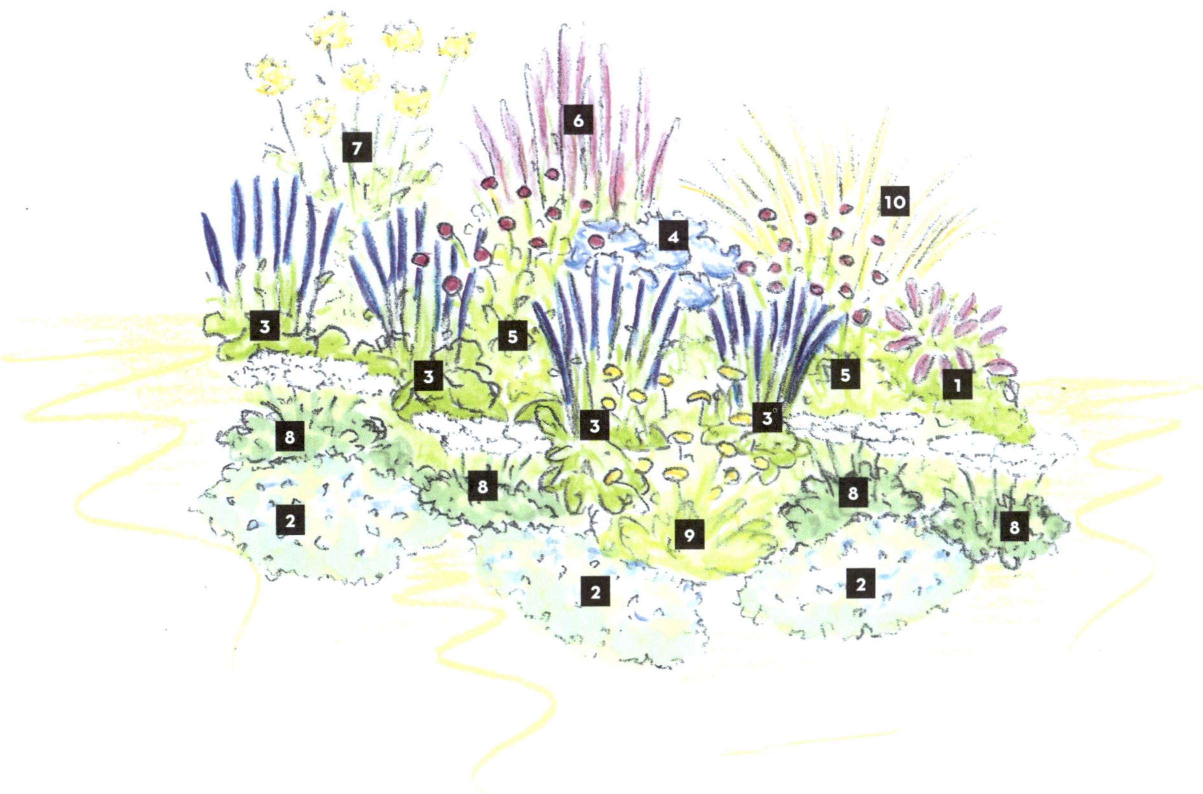

STAUDENBEET FÜR DIE SONNE (CA. 3 M²)

	ART	J	F	M	A	M	J	J	A	S	O	N	D	HÖHE IN CM
							BLÜHZEIT							
	Stauden													
1	1 × Purpur-Klee *Trifolium rubens*					■	■							40
2	3 × Katzenminze *Nepeta x faassenii* 'Walkers Low'					■	■	■		■				60
3	4 × Steppen-Salbei *Salvia nemorosa* 'Caradonna'						■	■	■					60
4	1 × Knäuel-Glockenblume *Campanula glomerata*						■	■	■					50
5	2 × Purpur-Witwenblume *Knautia macedonica*						■	■	■	■				bis 100
6	1 × Blut-Weiderich *Lythrum salicaria* 'Robert'							■	■	■				100
7	1 × Hoher Goldbaldrian *Patrinia scabiosifolia*							■	■	■				80
8	4 × Kleine Bibernelle *Pimpinella saxifraga*													40
9	1 × Gelbe Skabiose *Scabiosa ochroleuca*							■	■	■				60
10	1 × Gewöhnliche Goldrute *Solidago virgaurea*							■	■	■				70
	Zwiebelblumen													
	20 × Wild-Narzisse *Narcissus pseudonarcissus* ssp. *lobularis*			■	■									35
	10 × Blaue Prärielilie *Camassia leichtlinii* 'Caerulea'				■	■								80

Mein Tipp:
Witwenblumen, Indianernesseln (oben) oder Brandkraut (unten) sind perfekt für die Beobachtung von Insekten. Auf ihren Blüten tummeln sich immer Wildbienen oder Schmetterlinge.

SO GROSS WIE MÖGLICH

Die Entscheidung, wie groß so ein Staudenbeet sein sollte, liegt letztendlich bei euch und den Möglichkeiten eures Gartens. Ich kann nur aus meiner Erfahrung sagen: je größer, desto besser. Ich habe es immer wieder erlebt, dass aus der Sorge um den Pflegeaufwand, Beete kleiner angelegt und später dann doch noch erweitert wurden. Denn interessanterweise lassen größere Pflanzungen den Garten optisch größer erscheinen.

Für ausdrucksvolle Staudenkombinationen sollte das Beet eine Mindesttiefe von 1,50 Metern haben – größer geht natürlich immer. Dann kann man besser gestalten und die Pflanzen schön staffeln, kleinere in den Vordergrund und höhere in die Mitte oder nach hinten. Damit erhaltet ihr mehr Struktur und Atmosphäre. Sinnvoll ist, ein paar, aber wirklich nicht viele, Trittsteine ins Beet zu legen. So kommt ihr zwischendurch an die eine oder andere Pflanze ran, falls doch mal eine gezielte Pflegemaßnahme nötig ist.

Was spricht noch für große Pflanzflächen? Man bekommt unerwünschten Aufwuchs, vor allem Wurzelunkräuter besser in den Griff. Denn diese kommen oft aus den Randbereichen, wie beispielsweise einer angrenzenden Wiese, in die Pflanzung. Gleiches gilt auch für Schnecken, welche sich gerne im hohen Gras aufhalten und von dort in die Pflanzung kriechen. Je weniger Ränder und größer die Beete, desto weniger Probleme.

Viele Salbei- und Katzenminzen-Arten sind unkompliziert und vertragen auch mal Trockenphasen.

GANZ EINFACH: KEINE BEETEINFASSUNG

Apropos Ränder. Immer wieder kommt die Frage auf: Wie sollen die Beete eingefasst werden? Also der Übergang von Rasen zum Beet. Ganz einfach: am besten gar nicht. Verzichtet auf eine Randeinfassung, stecht lieber einmal im Frühjahr die Form mit einem Rasenkantenstecher nach. Dieses praktische Garten-Tool solltet ihr euch zulegen, denn es geht nicht so tief in den Boden wie ein Spaten, sondern nur ein paar Zentimeter. Damit geht die Arbeit ziemlich zügig voran. Auf jeden Fall seid ihr ohne starre, vorgegebene Ränder flexibler und könnt jederzeit das Beet verändern – vergrößern oder verkleinern. Und günstiger ist es auch.

TROCKENHELDEN STATT RASENSTEPPE

Im Zuge der sommerlichen Hitze- und Trockenphasen wird immer deutlicher, dass Rasen ein Auslaufmodell ist (siehe S. 91). Immer mehr Menschen trauen sich, ihren kleinen Garten ganz ohne Rasen, komplett mit Stauden zu gestalten, zum Beispiel als Gravel Garden (siehe S. 40): Ruhige Flächen bestehen aus Kies, der Rest darf voll üppiger Pflanzenpracht sein. In Randbereichen könnt ihr wuchskräftige Stauden verwenden. Die machen besonders wenig Arbeit und bestechen durch ihre Fernwirkung. Starkwüchsige wie die Herbst-Anemone (*Anemone hupehensis* 'September Charm') oder Kerzenknöterich *(Bistorta amplexicaulis)* dürfen einfach vor sich hinwachsen und benötigen keine Hilfe.

Königskerze: einfach prächtig

Leinkraut: Bienenbesuch garantiert

Akelei: immer wieder schön

Natternkopf: Dauerblüher im Sommer

KEIN NATURGARTEN OHNE VAGABUNDEN

Zu den faszinierendsten Pflanzen im Garten gehören die, die sich ohne großes Zutun über Samen vermehren wie die Akelei. Meist sind das Wildarten, viele finden wir draußen in der Natur an sogenannten Ruderalstandorten – das sind extreme Bereiche, auch am Wegrand, mit offenem Boden, steinig, sandig, und in voller Sonne. Ziemlich unschöne Voraussetzungen, würde man meinen. Aber die Natur ist erfinderisch und ausgerechnet hier fühlen sich ganz besonders schöne Blühpflanzen wohl.

BLÜTEN, SAMEN – EINFACH SUPERFOOD

Üppig blühende Pflanzungen sind großartig, nicht nur für uns. Je mehr Blüten, desto mehr Nahrung für Insekten. Dieses Prinzip funktioniert am besten mit heimischen Wildpflanzen. Farbkräftige Blüten locken Wildbienen an. Diese holen sich in den Blüten teils Nektar oder sammeln Pollen für ihre Brut. Dabei bestäuben sie die Pflanze, die dann Samen ausbildet. So manche Saat wird hier gleich mal von Vögeln aus dem Samenstand gepickt. Bei mir im Garten kommt jedes Jahr im Spätsommer eine Schar von Distelfinken und überfällt für ein paar Tage das Purpur-Leinkraut *(Linaria purpurea)*. Kaum fertig mit Knabbern, sind sie auch schon wieder weg.

KURZ, ABER INTENSIV

Viele der Vagabunden haben ein eher kurzes Leben, manche sind sogar nur zweijährig, wie die Großblütige Königskerze *(Verbascum densiflorum)* oder der blaublütige Natternkopf *(Echium vulgare)*. Deshalb müssen sie so viele Blüten haben, sich stark versamen und vermehren. Das sind die zwei Seiten der Medaille: zum einen Blütenreichtum, zum anderen ein nur kurzes Dasein. Das ist auch bei der Verwendung im Beet zu berücksichtigen.

STANDORTFRAGE OFFEN

Man kann machen, was man will: Vagabunden suchen sich am liebsten ihren Standort selbst. Dort wachsen sie auch am besten. Meine Erfahrung hat gezeigt, wenn ich sie einfach gewähren lasse, entfalten sich diese Kurzlebigen am besten. Es sein denn, sie sind mir im Weg. Dann müssen sie weichen. Denn Umpflanzen mögen sie meistens auch nicht!

Mein Tipp:
Man muss Vagabunden nicht unbedingt als Pflanzware kaufen, oft funktionieren sie über Aussaat sogar besser.

Spannend und nachhaltig: Betonbruch oder Naturstein als wärmendes Gartenelement

Nur so gibt es Blüten: Zierlauch-Zwiebeln benötigen gut durchlässige und sonnige Standorte.

SAND UND KIES MIT POTENZIAL

Sandig-kiesige Böden, zudem noch sonnig und heiß – kann da überhaupt etwas wachsen, so durchlässig wie sie sind? Tatsächlich brauchen einige der beliebtesten Gartenpflanzen exakt solche Voraussetzungen. Denn was zunächst unwirtlich scheint, hat einen großen Vorteil: Es entsteht keine Staunässe.

Unterirdische Speicherorgane reagieren auf zu starke Feuchtigkeit – sie verfaulen. Ganz besonders empfindlich ist da Zierlauch wie der schöne, ca. 80 cm hohe Iran-Lauch *(Allium aflatunense)*, den man als Zwiebel setzt. In schweren, tonigen Böden versagt dieser leider völlig. Ebenso die Spornblume (*Centranthus ruber,* siehe S. 59) mit ihren dickfleischigen Wurzeln – sie wächst in Mauerritzen oder Kiesflächen bestens. Auch die dauerblühende Prachtkerze *(Gaura lindheimeri)* fühlt sich erst so richtig wohl in durchlässigen Substraten. In solchen Böden kann die feucht-regnerische Winterzeit diesen Pflanzen wenig zusetzen. Wohingegen sie sich in normaler Gartenerde so schlecht entwickeln, dass sie im Frühling gar nicht mehr austreiben. Das wird meist fälschlicherweise als Frostschaden ausgelegt.

Im Sommer zeigen diese Arten mit ihren Speicherorganen ihr wahres Potenzial: Sie überstehen lange Trockenperioden.

Hitzestandort als Chance

Steine, Geröll, Schutt – was zunächst wie ein Standortnachteil aussieht, ist für manche Pflanzen ihr bevorzugter Wuchsort. Aber was hat das alles im Garten zu suchen? Entweder ihr habt schon kiesige Gartenbereiche oder: Upcycling! Oft wird bei Umbaumaßnahmen Betonbruch nicht ganz kostengünstig entsorgt. Zugleich möchte man „irgendetwas mit Naturstein" machen. Die Lösung: Das Bruchmaterial als natürliche Geröllhalde verwenden. Dazwischen fühlen sich mediterrane Halbsträucher wie Lavendel oder auch die Bartblume *(Caryopteris clandonensis)* wohl.

Mein Tipp:
Die rote Spornblume und das weiß-gelb blühende Spanische Gänseblümchen brauchen durchlässige Standorte. Das können sogar Mauerritzen sein. Bei normalem Gartenboden an einem sonnigen Platz einen sandig, kiesigen Mini-Hügel anlegen und die Spezialisten darauf pflanzen.

1
Ysop, tolles Gewürz und zugleich insektenfreundlich

2
Macht seinem Namen Ehre: Currykraut duftet an warmen Sommertagen.

3
Zarte Blüten des Kleinen Mädesüß für den Beetvordergrund

1

2

3

HEISS UND TROCKEN – NO PROBLEM

Hitze, Sonne, wenig Niederschläge, sandiger oder stark trockener Boden – kommt euch das bekannt vor? Falls ihr solche Extremstandorte im Garten habt, nicht verzweifeln, es gibt hierfür so richtig tolle Pflanzen. Ich mag solche Beetanlagen gerne in der Nähe von Wegen oder Terrassen, weil sich so viel Leben tummelt und viele Aromapflanzen dabei sind. Dazu passt eine kleine Sitzbank aus Naturstein. Für diese neue Beetanlage müsst ihr lediglich unerwünschte Gewächse entfernen, den Boden lockern, kein Austausch oder Düngung. Und los geht's.

Ganz schön dufte!

Diese Zusammenstellung sorgt für mediterranes Urlaubsfeeling. Eingefasst wird das Beet mit zwei sommerlichen Dauerblühern: Blauraute *(Perovskia atriplicifolia)* und Leinkraut *(Linaria purpurea)*. Daneben wachsen Lavendel *(Lavandula angustifolia)*, Ysop *(Hyssopus officinalis)*, Lavendelblättriger Salbei *(Salvia lavandulifolia)* und in Gelb mit silbrigem Laub Currykraut *(Helichrysum italicum)* – gleichzeitig Kräuter für die Küche. Alle vier sind Halbsträucher – sie sorgen im Winter für Struktur. Blütenfülle und Kontrast bringen dazwischen die anlehnungsbedüftige Glockenblume *(Campanula persicifolia)*, die heimische gelb blühende Aster *(Aster linosyris)* mit ihrem nadelartigen Blättern und das unverwüstliche Ochsenauge *(Buphthalmum salicifolium)*. Im Vordergrund wachsen Mädesüß *(Filipendula vulgaris)* und der bodenbedeckende Ziest *(Stachys byzantina)*. Der Blaustrahlhafer *(Helictotrichon sempervirens)* steht locker über der Pflanzung.

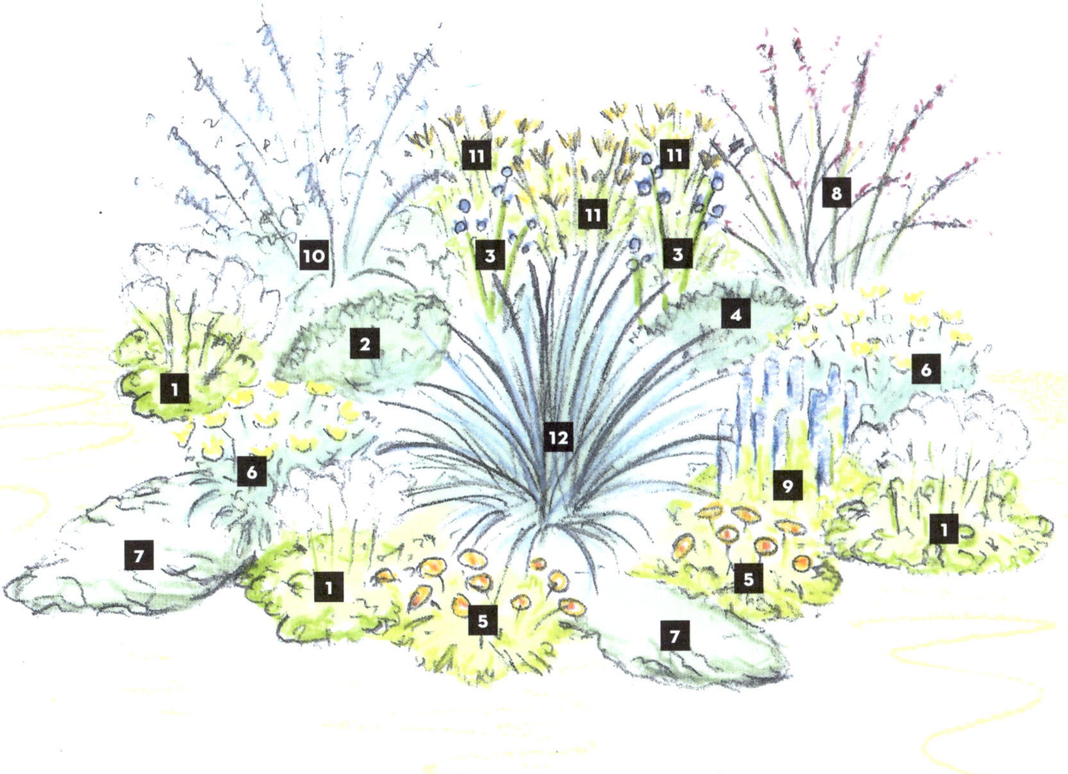

HEISS UND TROCKEN (CA. 3,5 M²)

	ART	J	F	M	A	M	J	J	A	S	O	N	D	HÖHE IN CM
	Stauden													
1	3 × Kleines Mädesüß *Filipendula vulgaris*													40
2	1 × Lavendelblättriger Salbei *Salvia lavandulifolia*													50
3	2 × Pfirsichblättrige Glockenblume *Campanula persicifolia*													80
4	1 × Schmalblättriger Lavendel *Lavandula angustifolia* 'Munstead'													50
5	2 × Ochsenauge *Buphthalmum salicifolium*													40
6	2 × Currykraut *Helichrysum italicum* 'Silbernadel'													50
7	2 × Teppich-Wollziest *Stachys byzantina* 'Silver Carpet'													20
8	1 × Purpur-Leinkraut *Linaria purpurea*													70
9	1 × Ysop *Hyssopus officinalis*													60
10	1 × Blauraute *Perovskia atriplicifolia* 'Little Spire'													60
11	3 × Goldhaar-Aster *Aster linosyris*													50
	Gräser													
12	1 × Blaustrahlhafer *Helictotrichon sempervirens*													60
	Zwiebelblumen													
	30 × Gnomen-Tulpe *Tulipa turkestanica*													25

KLEINER NUTZGARTEN GANZ GROSS

Auch wenn der Garten noch so klein ist, irgendwo bekommt man immer etwas Nützliches unter. Und das kann auch hübsch aussehen, viele Kräuter sind ja ausgesprochen dekorativ. Und Obstbäume und -sträucher sind sowieso die erste Wahl für einen Hausgarten. Beim Gemüse wird es schon spezieller, aber auch das darf nicht fehlen.

1 Das gibt es nur im eigenen Garten: Salate wie das Teufelsohr

2 Frisch geerntete Möhren schmecken am besten und stecken voller Vitamine.

GEMÜSE, KRÄUTER & BEEREN – FRISCH, SELBST GEZOGEN UND GESUND

Sind wir mal ganz ehrlich: Zum echten Selbstversorger eignen sich die wenigsten von uns, da muss man schon tiefer einsteigen. Und aus finanzieller Sicht – heutiger Stand – lohnt es sich auch nicht wirklich. Dafür sind Lebensmittel bei uns noch zu günstig. Trotzdem spricht eine ganze Menge dafür, das eine oder andere selbst auszuprobieren. Es ist absolut erstaunlich, was auf kleinstem Raum funktioniert. Na ja, und vielleicht habt ihr ja ein Lieblingsgemüse, eine besondere Beerenart oder eine Salatsorte, die ihr schlichtweg kaum zu kaufen bekommt (und nur als Saatgut) – da lohnt sich der Eigenanbau dann wirklich.

Außerdem geht es nicht frischer als aus dem eigenen Garten: Man weiß einfach, was man hat und ganz sicher keine Chemie! Es macht Spaß, im Garten zu schauen, was gerade erntereif ist und wie man es verarbeiten kann. Obwohl ich einen, wie ich finde, überschaubaren Garten habe: Beeren und Obst kommen zu 100 % aus unserem Garten, zugekauft wird gar nichts. Kräuter liefert auch komplett der Garten, beim Gemüse ist es eine Mischkalkulation, aber mehr als die Hälfte kommt aus dem eigenen Garten.

Ich finde, dass der eigene Anbau vor allem auch für Kinder sehr wichtig ist. Sie sehen, wie viel Zeit Pflanzen benötigen, um zu wachsen, wie mühsam, aber auch erfolgreich es sein kann, etwas selbst anzubauen und zu ernten. Inwieweit das Wetter eine Rolle spielt oder die lieben Schnecken. Learning by Doing!

Gewürz-Tagetes passt zu Mangold.

Insektenmagnet: blühender Buchweizen

Fürs Hochbeet: Kapuzinerkresse

Sonnenblumen brauchen Nährstoffe.

EINGEWEBT – ESSBARE SOMMERBLUMEN IM GEMÜSEGARTEN

Je länger ein Blumenbeet schon wachsen und sich entwickeln durfte, desto weniger offene Bereiche gibt es. Damit wird das Beet auch pflegeleicht, weil unter anderem keine Flug-Unkräuter keimen. Aber auch einjährige Sommerblumen schaffen es nicht mehr so leicht zu keimen. Dieses Dilemma ist zu lösen, nämlich im Gemüsegarten. Hier finden wir genügend Lücken, die sowieso vorübergehend geschlossen werden sollten. Und was liegt da näher, als es auch dort bunt und üppig zugehen zu lassen.

Normalerweise blüht zwischen Salatköpfen und Zwiebeln nicht viel. Und da sind Sommerblumen eine ideale Ergänzung, weil sie wie das meiste Gemüse nur eine Saison wachsen und manche sogar essbar sind. Allerdings sollten sie auch Sonne und nährstoffreichen Boden lieben.

Kapuzinerkresse hat essbare Blätter und Blüten. Ihr Wuchs ist eher überhängend, deshalb an den Rand setzen. Macht sich besonders in einem Hochbeet schön.

Ringelblumen sind nicht nur unkomplizierte Dauer-Sommerblüher, sondern auch wichtige Heilpflanzen: getrocknet als Tee oder für Tinkturen und Salben. Die Blüten und jungen Blätter eignen sich als Ergänzung für Salate. Gerne säen sie sich auch von selbst aus und vagabundieren durch den Gemüsegarten. In milden Wintern können sie sogar überdauern.

Sonnenblumen passen ebenfalls bestens ins Gemüsebeet. Vorgezogen können sie sogar als Rankhilfe für Stangenbohnen dienen. Die verblühten Samenstände unbedingt für Vögel stehen lassen.

Tagetes, auch Studentenblumen genannt, gehören als Mischkulturpflanze unbedingt dazu. Die tollen Dauerblüher wirken sich vor allem auf Kohlarten und Salat positiv aus. Es gibt viele Züchtungen und Arten, am besten passt Gewürz-Tagetes *(Tagetes tenuifolia)*.

Buchweizen gehört zur Familie der Knöteriche und so sehen auch seine Blüten aus: zartrosaweiß. Ich säe ihn gerne aus, da er sehr schnell keimt und völlig unkompliziert ist. Die essbaren Blüten sind eine unglaubliche Bienenweide und im Herbst holen sich Vögel wie Buchfinken die Samen.

Mein Tipp:
Tomaten und Paprika wachsen bei mir in Kübeln, direkt an einer sonnigen Hauswand. Dort reifen sie gut aus.

Hochbeete sind sehr praktisch und machen es Schnecken schwer.

Das macht Freude: erfolgreiche Ernte ein paar Wochen nach der Anzucht.

GEMÜSEANBAU FÜR EINSTEIGER

Wer eigenes Gemüse ernten möchte, muss mit ein bisschen mehr Aufwand als bei Blumen rechnen – das geht von der Beetvorbereitung, über den Kampf gegen Schnecken bis zum Gießen.

Die Frage nach dem Wo

Ganz klar, Gemüse und Salate brauchen viel Licht, also eine Toplage. Erst dann können sie sich gut und schnell entwickeln. Der Boden sollte zudem nährstoffreich und feinkrümelig sein und eine gute Speicherfähigkeit haben. Alles ganz schön anspruchsvoll! Und da einiges an Wasser benötigt wird, ist es zudem perfekt, wenn Gemüsegarten und Regentonne nicht weit auseinander liegen. Gestalterisch ist zu überlegen, wie man den Gemüsegarten integriert. Ich mag es, wenn diesem ein eigener Bereich zugesprochen wird. Vielleicht sogar etwas eingefasst mit einer kleinen Hecke aus Lavendel. Ihr werdet erstaunt sein, was man auf ein paar Quadratmetern so alles herausholen kann.

Echt bequem: Hochbeete

Wenn ihr im Garten keine gute Erde habt oder aus anderen Gründen kein normales Beet anlegen wollt, könnt ihr ein Hochbeet einfach aus Holzdielen bauen. Bitte legt vor dem Verfüllen die Innenwände mit einer Noppenfolie aus, ansonsten werden die Bretter zu schnell morsch. Eine gute Größe ist 1 × 2 Meter, und in der Höhe 80 Zentimeter. In den unteren Bereich kommen erst mal Äste und Laub. Da könnt ihr das Laub vom Herbst und euren Gehölzschnitt vom Winter „entsorgen". Als nächste Schicht sollte Schafwolle und Stallmist kommen. Durch den Verrottungsprozess dieser Stoffe entsteht neben ihrer Düngungsleistung Wärme, welche die Pflanzen beim Wachsen unterstützt. Die oberste Schicht ist ein reichlich mit Kompost durchmischter Oberboden. Vorteile: Man muss sich beim Jäten, Ernten und Pflegen nicht bücken – sehr angenehm, auch wenn man keine Rückenschmerzen hat. Und Schnecken erreichen ihre Leibspeise wie Salate auch nicht so schnell.

TOP-GEMÜSE FÜRS HOCHBEET

GEMÜSE	DIREKT INS BEET SÄEN	VORGEZOGENE PFLANZEN SETZEN	PRAXIS-TIPP
Kopfsalat		x	Nicht im Spätsommer setzen, sonst schießt er.
Pflücksalat	x	x	Asia-Mischungen oder italienische Misticanza für schnelle Ernte.
Endivien-Salat		x	Erst im Spätsommer auspflanzen.
Feldsalat	x		Im Herbst auf das abgeräumte Beet säen, erste Ernte ab Februar.
Mangold	x	x	Dauerernte bis zum ersten Frost, immer nur einzelne Blätter und Stiele ernten, nicht komplett abschneiden.
Spinat	x	x	Ansaat nur im Frühjahr und Spätsommer. Entwickelt sich schnell.
Radieschen	x		Nicht im Sommer säen, werden holzig und blühen schnell.
Rettich	x		Wie Radieschen, gute Sorte für Anfänger sind 'Eiszapfen'.
Möhren	x		Mit Radieschen zugleich ansäen, reifen zeitversetzt.
Brokkoli		x	Ein paar Röschen zum Blühen kommen lassen – gut für Bienen.
Kohlrabi		x	Lückenfüller zwischen Salat.
Palmkohl		x	Dauerernte bis in den Winter, unkompliziertes „Superfood".

Rosmarin blüht geschützt im April.

Thymian lässt sich gut trocknen.

Minzen besser in Kübel pflanzen!

Dill-Blüten setzen später Samen an.

MUST-HAVE-KRÄUTER

Frische Kräuter im Garten zu ernten, ist einfach Lebensqualität. Deshalb liegt der Wunsch nach einem Kräuterbeet nahe. Aber leider gibt es nicht den einen Standort für Kräuter, denn sie haben unterschiedliche Ansprüche. Dementsprechend sollten wir sie auch im Garten unterbringen. Am praktischsten ist es, Kräuter in Hausnähe zu pflanzen, damit ihr sie beim Kochen parat habt.

DIE SONNENANBETER

Hierzu gehören Arten, die aus dem Mittelmeerraum stammen wie Lavendel, Oregano oder das mehrjährige Bohnenkraut. Unkompliziert ist der Gewürzsalbei *(Salvia officinalis).* Ich mag sehr gerne die Sorte 'Berggarten', da sie besonders große Blätter hat. Wunderschön im Sommer blüht der Ysop *(Hyssopus officinalis)*, den solltet ihr schon wegen seiner blauen Blütenpracht integrieren. Frischer Rosmarin ist unersetzlich in der mediterranen Küche. Ihr solltet ihm einen geschützten Standort zuweisen, da er in manchen Regionen nicht 100-prozentig frosthart ist. Vor einer sonnigen Hauswand klappt es. Nicht zu vergessen Thymian. Da gibt es sehr viele Arten. Manche wachsen flach, andere aufrecht. Auch geschmacklich unterscheiden sie sich.
All diese Kräuter benötigen einen sehr sonnigen Standort. Der Boden sollte durchlässig sein. Sie vertragen auch längere Trockenheit. Schön lassen sie sich in ein Gravel-Beet direkt an der Hauptterrasse einfügen.

DIE STARKZEHRER

Wie der Name schon vermuten lässt: Diese Gewürzpflanzen sind auf einen nährstoffreichen Boden angewiesen. Am besten mit viel Kompost, sonst mickern sie vor sich hin. Auch müssen sie nicht in der prallen Sonne stehen. Zu den Starkzehrern gehören Klassiker wie Schnittlauch. Etwas größer im Wuchs sind Liebstöckel (Maggikraut), Zitronenmelisse, Sauerampfer und Staudenfenchel. Letzteren integriere ich sogar in Bauerngartenbeete, da er dieselben Standortvoraussetzungen hat.

DIE AUSBREITUNGSWÜTIGEN

Ich liebe sie: Bärlauch und Minzen – und sie dürfen auf keinen Fall im Garten fehlen. Aber beide neigen sehr stark zum Wuchern. Pflanzt Bärlauch am besten wie einen Bodendecker unter eine Hecke, da darf er sich austoben. Minzen wollen es etwas sonniger, je nach Art und Sorte. Eine Möglichkeit ist, sie in größere Pflanzgefäße zu setzen. Dann kann nichts passieren und sie sind gleich greifbar.

DIE KURZLEBIGEN

Es gibt noch ein paar schmackhafte, hübsche Lückenfüller für Gemüse- oder sonnige Staudenbeete – wenn ihnen der Standort gefällt, können sie sich sogar ohne Zutun versamen. Hierzu zählen Dill, Borretsch, Koriander, Kümmel und Petersilie. Ein Sonderfall ist Basilikum. Das braucht zwar auch guten Boden und ausreichend Wasser, aber auf keinen Fall von oben. Entweder in einem Topf ziehen oder – falls vorhanden – im Gewächshaus.

Mein Tipp:
Ich lasse gerne Kräuter zum Blühen kommen, denn viele sind absolute Wildbienen- und Schmetterlingsmagnete. So erfreue ich mich doppelt: an den Blüten und an ihren Besuchern. Bei erfolgreicher Bestäubung säen sich die Kräuter auch noch aus.

Zwetschgen sind erst im Spätsommer reif.

Pfirsichblüten – ausgesprochen dekorativ

KEIN NATURGARTEN OHNE OBST

Wenn wir auch nicht viel Platz im Garten haben, für Obst reicht es doch immer. Der Mehrfachnutzen ist einfach unschlagbar: schöne Blüten im Frühling, Schattenspender und Kühlung im Sommer, leckere Ernte im Sommer oder Herbst, Sichtschutz oder Fassadenbegrünung als Spalier und Lebensraum für viele Tiere. Aber das macht die Wahl nicht einfacher. Es gibt so viele verschiedene Obstbäume und jede Art hat ihre spezifischen Eigenschaften. Allerdings: Obstgehölze müssen erzogen und geschnitten werden – im Gegensatz zu Wildobst (siehe S. 120).

Welche Arten ihr pflanzt, hängt natürlich von eurem persönlichen Geschmack ab und auch von den Standortbedingungen in eurem Garten: Wie viel Platz habt ihr, wie kalt wird es im Winter, wie oft und wie viel regnet es im Durchschnitt, wie ist der Boden beschaffen? Ich habe versucht, die wichtigsten Obstgehölze nach Standortvorlieben zu ordnen. Es gibt natürlich fließende Übergänge. Aber Apfelbäume als schöne Schattenspender mit breiter Krone – je nach Sorte – gehen immer.

Für raue Lagen

Damit sind windig-regnerische Gebiete, aber auch Regionen mit Spätfrostgefahr gemeint. Je später also ein Obstbaum blüht, desto besser ist er für raue Lagen geeignet, wie robuste Apfel- oder Birnensorten. Letztere wachsen mehr in die Höhe, wohingegen Apfelbäume eine breit-ovale Krone haben und damit ideale Schattenspender sind. Empfindliche Birnensorten wie 'Williams Christ' am besten als Spalier an einer besonnten Wand ziehen. Ebenfalls unkompliziert sind die Mirabelle und die eher schlankwüchsige Haus-Zwetschge, welche nur alle paar Jahre geschnitten werden muss.

Obstbäume für trockene Regionen

Süßkirschen sind für Regionen mit wenig Niederschlag geeignet. Eigentlich ein mächtiger Großbaum, aber für Hausgärten gibt es inzwischen kleinwüchsige Züchtungen. Ähnliche Standortvoraussetzungen hat die eher kleinwüchsige Sauerkirsche. Ebenfalls Trockenheit verträgt die Quitte, welche ich vor allem wegen ihrer schönen Blüte pflanze. Alle drei haben tiefe Pfahlwurzeln, das ist ihr Vorteil in trockenen Phasen.

Birnen möglichst schnell verzehren.

Maulbeerbäume: brombeerartige Früchte

Die Wärmebedürftigen

Sie brauchen es warm, Spätfröste wären für ihre Fruchtbildung das Aus. Trockenheit schadet ihnen nicht. Hierzu gehören Pflaume und Reineclaude. Es gibt tolle Sorten wie die rosafruchtige und ausgesprochen süß-saftige 'Queen Victoria'. Aprikosenbäume bleiben eher klein und haben eine schöne Wuchsform, auch die Blätter sind im wahrsten Sinne herzig. Wegen der frühen Blüte (Spätfrostgefahr!) ist sie ideal für warme Regionen. Last, but not least: Pfirsiche – ich liebe die wunderschönen, pinkfarbenen Blüten – setzen wegen ihrer späten Blüte zuverlässig Früchte an. Nun kommt leider das Aber: die Kräuselkrankheit. Diese schwächt den Baum und letztendlich stirbt er ab. Nur in warmen Regionen mit geringen Niederschlägen ist diese Pilzerkrankung weniger ein Problem.

Die Exoten

Feigen spielen im Zuge des Klimawandels eine immer wichtigere Rolle. Fakt ist, dass sie sogar bei mir im Allgäu inzwischen wachsen und die Früchte zuverlässig ausreifen. Ebenfalls noch viel zu wenig bekannt, aber mit leckeren Früchten: der Maulbeerbaum. Die Früchte sehen fast aus wie Brombeeren und sind zuckersüß. Es gibt sie in dunkel, fast schwarz und weißlich-grün. Das Blatt überzeugt mit seiner schönen Form und hellgrünen Farbe. Für kleine Gärten gibt es schmalwüchsige Züchtungen.

Mein Tipp:

Egal in welcher Gegend ihr euren Garten habt: Überall gibt es regionale Sorten, die fast verschwunden sind. Erkundigt euch in einer Baumschule vor Ort. Pflanzt ihr alte Sorten, wird euer Garten zu einer Arche alter Kulturpflanzen. Solche Sorten sind übrigens auch weniger krankheitsanfällig.

Rote Johannisbeeren schmecken säuerlich.

Brombeeren reifen im Spätsommer.

Stachelbeeren gibt es in Grün oder Rot.

Jeder liebt sie: süße Himbeeren.

IDEEN FÜR SCHMACKHAFTE NASCH-(H)ECKEN

Egal wie klein euer Garten ist, irgendwo solltet ihr unbedingt Beerenobst einplanen. Es braucht nicht viel Platz, die Blüten sind wahre Bienenweiden und logisch, die leckeren Beeren sprechen für sich.

Johannisbeeren eignen sich bestens als niedrige Hecke an einem sonnigen Platz. Nicht zu eng pflanzen, damit der Einzelstrauch sich entfalten kann und vor allem die Beeren genügend Licht bekommen. Ein Abstand von ungefähr 1,50 Metern reicht aus. Ins Pflanzloch gleich etwas Hornspäne oder Schafwolle als Dünger beigeben. Schwarze Johannisbeersträucher sind etwas starkwüchsiger als die roten oder weißen Sorten und brauchen etwas mehr Platz. Es gibt viele Sorten. Achtet darauf, dass sie lange Beerentrauben haben. Da tut man sich so viel leichter beim Ernten. Allzu viel Pflege brauchen sie nicht: im Spätwinter ein bis zwei alte Äste komplett bodeneben rausnehmen, auf keinen Fall die einzelnen Äste zurückschneiden. Denn an deren Enden setzen sie die Früchte an.

Stachelbeeren haben einen hohen Vitamin-C-Gehalt, das merkt man beim Naschen an ihrer angenehmen Säure. Ich pflanze sie am liebsten in Form von Hochstämmchen. Denn ihr Wuchs ist schleppenartig und sie stacheln schon arg. Bei Hochstämmchen kommt man beim Ernten ohne Blessuren davon. Wichtig ist, diese kleinen „Bäumchen“ an einen Pfahl anzubinden, da ihr Oberbau ganz schön schwer werden kann, wenn sie im Sommer voller Früchte hängen. Nicht, dass der Stamm abbricht. Als Standort sollten sie gar nicht so sonnig stehen, Halbschatten mit etwas Abendsonne ist ideal.

Brombeeren sind mit ihren langen Trieben eher wie eine Kletterpflanze zu verwenden. Sie brauchen etwas, woran sie sich festhalten können. Am liebsten mögen sie einen nährstoffreichen Boden, eher im Halbschatten. Im Laufe der Jahre entstehen durch Ausläufer neue Pflanzen, sozusagen Ableger der Mutterpflanze. Diese jungen, grünen Triebe tragen den neuen Fruchtansatz. Altes, braunes, trockenes Holz schneidet man raus. Falls euch der Stock zu groß ist, stecht einfach mit einem Spaten etwas ab.

Himbeeren, der Klassiker. Die Pflanzen benötigen einen nahrhaften Boden. Es gibt Sommer- und Herbstsorten: Die einen reifen im Frühsommer, die anderen im Herbst. Aber Vorsicht: Sie alle vermehren sich im Laufe der Zeit sehr stark durch Ausläufer. Also dort pflanzen, wo sie nicht stören. Trotzdem bleibt es nicht aus, sie alle paar Jahre abzustechen und damit in Zaum zu halten. Ausläufer sind aber zugleich Jungpflanzen: die könnt ihr verschenken.

Mein Tipp:
Es gibt stachellose Brombeersorten, zum Beispiel 'Chester Thornless' oder 'Navaho'.

PRAXIS – NATURNAH GÄRTNERN

Wie heißt es so schön: Aller Anfang ist schwer. Das ist in einem kleinen und wilden Garten nicht anders. Lasst euch mit der Gestaltung und Umsetzung Zeit. Setzt euch nicht unter Druck, auch wenn ihr gedanklich in den Startlöchern seid und endlich einen nutzbaren und bunten, naturnahen Garten haben wollt. Es gibt immer auch Zwischenlösungen, wie beispielsweise einjährige Ansaaten. Damit verschafft ihr euch einen zeitlichen Puffer. Also nehmt euch die Ruhe für eine Planung – euer Garten soll ja langfristig sein!

Im Laufe der Jahre ist mir die Umsetzung immer wichtiger geworden, habe ich doch viel Unschönes gesehen wie respektlosen Umgang mit Böden, welche zum Teil mit großem Gerät achtlos hin- und hergeschoben werden. Was nützen ausgeklügelte Pflanzkonzepte, wenn „das Darunter" nicht stimmt, der Boden und all das, was sich im Verborgenen, unter der Erde abspielt. Auch dort ist Leben, viel mehr, als man denkt. Ein gesunder Boden ist für das Wachstum der Pflanzen immens wichtig. Trotzdem tun wir oft so, als wäre er nur Mittel zum Zweck und nicht die Basis. Dieses tiefe Verständnis und Demut gehören für mich im Garten und bei der Arbeit mit dem Boden unbedingt dazu.

Die Pflege eines Naturgartens ist längerfristig nicht so aufwendig wie in einem durchgestylten Garten. Aber ganz ohne Eingreifen geht es auch hier nicht. In gewisser Weise ist dieser Aspekt beim Wildnisgarten sogar etwas herausfordernder, da wir pflegend lenken und gestalten. Und dafür benötigen wir auch Wissen. Aber keine Angst: Fehler im Garten gibt es nicht, es ist eher ein „Learning by Doing".

Auch geht es darum, die Art der Gartenarbeit, wie sie früher üblich war, zu überdenken und manches einfach laufen bzw. wachsen zu lassen. Damit sind beispielsweise Keimlinge in Pflasterritzen gemeint oder Wildkräuter in einem gepflanzten Staudenbeet. Vermutlich macht es euch persönlich gar nichts aus, aber die Bemerkungen von Nachbarn muss man aushalten. Doch die gute Nachricht ist: Ihr seid nicht allein! Es werden immer mehr Menschen, welche sich für wilde, natürliche Gärten entscheiden und mehr Wildnis zulassen. Das freut mich!

AUF DIE PLÄTZE, FERTIG, LOS!

Auch bei mir hat es etwas gedauert, bis ich verstanden habe, dass der Boden ein Mikrokosmos für sich ist und die Grundlage für den sichtbaren Garten bildet. Eigentlich hätte ich nur meinen gesunden Menschenverstand einschalten müssen, doch sowohl in der Ausbildung zur Gärtnerin als auch später im Studium wurde vieles eher technisch angegangen, die Zusammenhänge außer Acht gelassen.

BODEN

Viel zu wenig machen wir uns über den Boden Gedanken, in vielen Gärten wird er ausgetauscht oder „verbessert". Im Naturgarten, wenn wir es ernst meinen, verwenden wir ihn so, wie er ist. Das hat viele Vorteile: Hier haben sich Bodenorganismen und Lebewesen über Jahre entwickelt. Dieser Boden ist der Standort eurer Pflanzen und zuständig für deren Versorgung. Lasst ihr euch Erde liefern, wisst ihr nie, woher sie kommt und was sie für Überraschungen – zum Beispiel unentdeckte Wurzelunkräuter – mit sich bringt.

Ich habe bei den Musterbeeten und Pflanzkonzepten immer auch die Böden erwähnt. Pflanze und Boden bilden eine Einheit. Also resultiert aus dem Boden, den ihr in eurem Garten vorfindet, auch die Auswahl der Pflanzen. Eine grundsätzliche Änderung durch Bodenaustausch ist theoretisch möglich, aber ökologisch fragwürdig. Bleibt bei dem, was ihr habt!

BEETE ANLEGEN

Bevor es ans Pflanzen geht, sind die Beete vorzubereiten – ganz bodenschonend. Bei der Anlage einer Blumenwiese ist einmalig eine Fräse nötig, den Rest schafft ihr händisch, mit dem Spaten oder der Grabegabel. Das ist zwar etwas mühsam, erspart euch für die Zukunft aber viel Arbeit. Es gibt nichts Ärgerlicheres, als wenn sich zwischen neu gesetzten Stauden schon Wurzelunkräuter durchziehen. Deshalb lasse ich nach der Bearbeitung den Boden vor seiner finalen Bepflanzung ein paar Wochen offen liegen. Dann sehe ich, was noch keimt, was an unliebsamen Gewächsen drin ist. Diese entferne ich dann gezielt. Eine gute Basis, bevor man weiter macht.

1 Unerwünschte Pflanzen bei der Beetvorbereitung gut entfernen.

2 Das Umgraben schwerer Böden erfolgt am besten mit dem Spaten.

1

2

Mein Tipp:
Kauft eure Pflanzen bei einer regionalen Gärtnerei. Sie sind besser an das Klima eurer Gegend angepasst. Und geht unbedingt mit einer „Einkaufsliste“ dorthin.

AB INS BEET!

Ist euer Beet gut vorbereitet, kommt nun endlich das, was richtig Spaß macht: Pflanzen setzen. Aber wann ist eigentlich der richtige Zeitpunkt? Das Ziel sollte sein, dass sich die Pflanzen ohne viel Zutun entwickeln und anwachsen. Das anfängliche Angießen von Neupflanzungen bleibt. Doch nicht alle Pflanzen haben dieselben Ansprüche und Wuchseigenschaften. Dementsprechend ist auch der Umgang mit ihnen unterschiedlich.

PFLANZEN	ZEITPUNKT	METHODE
Stauden, Gräser	Wenn sich ein regnerisches Frühjahr abzeichnet, ist dies perfekt. Spätsommer geht auch.	Topfballen in Wasser tauchen, danach ins vorbereitete Pflanzloch setzen – so tief, wie sie vorher im Topf standen. Mit Erde auffüllen. Danach etwas andrücken und angießen.
Bäume, Hecken, Sträucher	Gehölze pflanze ich am liebsten im Herbst. Da können sich über den Winter Wurzeln bilden. Ausnahme: Containerware kann man auch im Frühling setzen.	Pflanzschnitt vornehmen: Gehölz etwas zurückschneiden. Pflanzloch ausheben, das etwas größer als der Ballen oder Container sein sollte. Ins vorbereitete Pflanzloch etwas organischen Dünger geben. Pflanze in Loch setzen. Pflanzloch mit Erde füllen, angießen.
Wiesen anlegen	Am besten ab August bis spätestens Ende September. Alternative: im späten Frühjahr.	Auf die vorbereitete planierte Fläche das Wiesen-Saatgut auswerfen, nicht einarbeiten, sondern abwalzen oder andrücken, angießen.
Sommerblumen säen	Im Frühling, nach den letzten Frösten im Mai, Ausnahme Coolflowers wie Kornblume oder Jungfer im Grünen im Spätsommer.	Entweder Pflanzen vorziehen oder gleich direkt in den gewünschten Beeten aussäen. Bis zur Keimung feucht halten.

Ideale Kombi: Totholz und Steine

Raupen des Königskerzen-Mönchs

Heiß begehrt: Brennnesselblätter

Weidenröschen: gut fürs wilde Eck

SUPER-BIOTOP WILDE ECKE – KINDERSTUBE FÜR KÄFER UND SCHMETTERLINGE

Mit bestimmten Strukturen und Pflanzen könnt ihr im wilden Garten ganz viel für die Tierwelt tun. Deshalb integriere ich auch gerne Totholz und Lesesteinhaufen direkt in Staudenbeete, fast wie Landart-Objekte.

Einen Schritt weiter geht's bei den „Wilden Ecken". In diesen Bereichen nehmen wir uns noch weiter zurück, überlassen das Gestalten einfach mal den Tieren. Diese sollen hier die Hauptakteure sein. Ein guter Platz könnte in der Nähe vom Kompost sein.
Und die Frage der Größe? Je nach Gestaltung zwischen 1 und 3 m^2.

HAUFENWEISE STRUKTUREN

Laubhaufen, Reisig- und Asthaufen, Steinhaufen – das sind alles ausgezeichnete Lebensräume für Kleinsäugetiere, Vögel, Käfer, Larven. Die Aufzählung könnte man fast unendlich fortsetzen. Los geht's mit dem Anlegen von Haufen, je mehr, desto besser.

Ergänzt sie mit besonderen Wildpflanzen, die ihr nicht wegen der Optik auswählt, sondern wegen ihres ökologischen Wertes. Ein Thema hierzu sollten Raupenfutterpflanzen sein. Bevor Schmetterlinge durch die Lüfte flattern, durchlaufen sie einen Prozess der Umwandlung. Mit das wichtigste Stadium ist die Raupe. Und die ist wählerisch: Sie frisst nur an ihrer Lieblingspflanze, ohne Ausnahme. Ein wilder Garten hat Raupenfutterpflanzen zu bieten und kann sich später über die Schmetterlinge freuen.

„BEST OF" RAUPENFUTTER

- Ackerkratzdistel
- Ampfer
- Brennnessel
- Brombeere
- Faulbaum
- Himbeere
- Klee: Horn-, Hufeisen- und Wundklee
- Liguster
- Nacht- und Mondviole
- Spitzwegerich
- Weißdorn
- Wilde Möhre

Mein Tipp:
Die meisten Raupen lieben zarte Blätter, so auch bei Brennnesseln. Deshalb diese mehrmals im Jahr zurückschneiden, dann treiben sie neu wieder aus.

GANZ ENT-SPANNT: ENTWICKLUNG UND PFLEGE

Die gute Nachricht ist, ein Naturgarten braucht deutlich weniger Pflege und Unterstützung als ein „konventioneller" Garten. Das hängt zum einen mit seiner eher wilden Optik zusammen, aber auch mit der Verwendung von robusten Wildarten.

WÄSSERN – NUR IM NOTFALL

Nach einer Neuanlage müssen wir auf alle Fälle die Pflanzen im Blick behalten und genau beobachten. Lassen sie ihre Blätter hängen? Sehen sie morgens gut und kräftig aus, nur abends etwas schlaff, dann ist erst mal Entwarnung. Wenn allerdings in dieser kritischen Phase die natürlichen Niederschläge komplett fehlen und die nächtliche Kühle nicht ausreicht, ist es wichtig, nachzuhelfen. Denn jetzt sollen die Pflanzen ja Wurzeln bilden und anwachsen. Das dauert bei Stauden ungefähr drei Wochen, die Zeit müssen wir ihnen geben. Aber dann ist die Neupflanzung aus dem Gröbsten heraus. Bei Gehölzen, also Sträuchern oder Bäumen, sollten wir in einem Trockenjahr diese tatsächlich eine Vegetationsperiode mit sporadischem Wässern begleiten. Einmal in der Woche reicht.

Aber Achtung: Die meisten Pflanzen sind robuster, als man denkt. Es passiert eher, dass sie durch falsches Wässern eingehen als durch Vertrocknen. Gießt man zu viel, verfaulen die Wurzeln. Somit versorgen diese dann eben nicht mehr die Blätter, sie wirken welk. Und nun beginnt der Teufelskreis: Es wird noch mehr gegossen.

Wie geht's besser?

Lieber selten, dafür aber kräftig gießen. Am besten zeitig am Morgen. Wer morgens keine Zeit hat, kann auch abends gießen – aber nicht zu spät. Hauptsache nicht in der Mittagshitze. Zudem immer „am Fuß" gießen, nicht von oben, somit kommt das Wasser dort an, wo es die Pflanze braucht: an den Wurzeln.

Mein Tipp:

Leitungswasser ist ein Nahrungsmittel, es gibt Regionen, in denen man damit gar nicht mehr gießen darf. Plant deshalb unbedingt Regentonnen, besser sogar Zisternen in eurem Garten ein.

Frisch gesetzte Pflanzen müssen ganz gezielt angegossen, eingeschlämmt, werden.

Bei einem Pflanzkonzept mit Trockenhelden erübrigt sich nach der Anwachsphase das Gießen.

UNKRAUT GIBT'S NICHT

Das Wesentliche in eurem Naturgarten ist, dass ihr ihn beobachtet und eingreift, wenn es nötig ist. Und je weniger offener Boden, desto geringer sind böse Überraschungen. Trotzdem schleicht sich das eine oder andere ein.

Giersch (Foto oben) oder andere Wurzelunkräuter wird man schwer wieder los. Oft reicht ein Stückchen Wurzel und schon bildet sich eine neue Pflanze. Am besten damit leben. Ab und an die oberirdischen Pflanzenteile entfernen. Praktisch: Junger Giersch ist essbar, roh im Salat oder gekocht.

Keimlinge erkennen: Einjährige Unerwünschte oder von euch gesetzte Wildpflanzen können durch Versamung zu viel werden. Das bekommt man gut in den Griff, indem man rechtzeitig jätet.

Habt ihr gerade keine Zeit für Gartenarbeit, aber alles wächst viel zu üppig? Kein Problem, wichtig ist nur, dass sich unliebsame Pflanzen nicht versamen können. Lösung: in einem schnellen Durchgang die noch nicht ausgereiften Samenstände abschneiden, bevor sie aussamen und in der Bio-Tonne entsorgen.

Bei erwünschten Keimlingen wie der Akelei lasse ich immer den kräftigsten stehen, die restlichen kommen raus.

Mulch auf einen Blick:
- Mediterrane und Trockenhelden in der Sonne: mineralische Mulchung
- Prachtstauden in der Sonne: Kompostauflage
- Schattenstauden unter Sträuchern: Laub- oder Kompostauflage
- Beeren und Obstgehölze: Grasschnitt

MULCH MACHT DAS GARTENLEBEN LEICHTER

Damit die Pflanzen sich optimal entwickeln können, brauchen sie eine gute Versorgung mit Nährstoffen und Feuchtigkeit, und wenig Konkurrenz. Mit einer Schicht Mulch könnt ihr genau das erreichen: Die Mulchauflage lässt den Boden nicht austrocknen, was sowohl den Pflanzen als auch den Bodenlebewesen gefällt. Zudem erschwert sie Keimungsprozesse von unerwünschten Pflanzen.

Mulch ist nicht gleich Mulch

Es gibt unterschiedliche Mulchmaterialien, die entsprechend für unterschiedliche Pflanzungen und Bereiche eingesetzt werden.

Im sonnigen Staudenbeet, überwiegend bestehend aus Prachtstauden wie im Bauerngarten, hat sich vor allem in der Anwachsphase eine Kompostauflage bewährt. Das hält zwar nicht unliebsame Keimlinge ab, unterstützt aber die Anwachsphase unserer Stauden mit Nährstoffen und verhindert zu starkes Austrocknen des Bodens.

An heißen und sonnigen Extremstandorten am besten mineralische Mulchung verwenden wie im Musterbeet „Gravel Garden“ beschrieben (siehe S. 40). Als Material eignen sich feiner Kies oder Splitt aus regionaler Herkunft. Ansonsten könnt ihr auch ge-

Eingesammeltes Laub wandert auf den Kompost, wo es zu einem wunderbaren organischen Staudendünger wird.

brochenen Recyclingbeton verwenden. Wichtig ist, dass der Charakter der Pflanzenzusammenstellung dazupasst. Gut machen sich hier mediterrane Pflanzen und Halbsträucher, heimische Trockenhelden, Gräser und wärmeliebende Kräuter.

In schattigen Partien und unter Gehölzen, wenn Bodendecker nicht eh schon die beschriebenen Funktionen übernommen haben, arbeite ich hier in der Anwuchszeit ausschließlich mit organischen Stoffen. Das kann selbst gehäckseltes Holz nach dem Gehölzschnitt sein oder im Herbst Laub.

Im Nutzgarten: Unter Beerensträucher kommt das Mähgut meiner Wiese, dann ist das gleich verräumt und ein konkurrierender Aufwuchs tut sich schwer. Kreislaufwirtschaft vom Feinsten! Auch Stroh funktioniert. Oft wird empfohlen, im Gemüsegarten mit Rasenschnitt als Mulch zu arbeiten. Ich selbst habe damit keine gute Erfahrung gemacht: Hier können sich wunderbar Nacktschnecken verkriechen.

So wird gemulcht

Nach der Pflanzung den Mulch ausbringen – mineralisches Material in einer Schichtdicke von ca. 7 cm, organisches mit 10 cm. Eine Mulchung sollte als Starthilfe einer Neuanlage gesehen werden, solange die Pflanzen noch klein sind und selbst den Zweck einer Beschattung und Bedeckung des Bodens noch nicht erfüllen können. Haben sie die entsprechende Größe erreicht, braucht es kein Mulchen mehr. Es ist im Normalfall eine einmalige Angelegenheit.

Finger weg von Rindenmulch!

Die Rindenstückchen verändern den pH-Wert des Bodens in Richtung sauer, was den meisten Pflanzen schadet. Auch ist er nicht das ersehnte Allheilmittel gegen Unkrautaufwuchs. Und über die Optik kann man auch trefflich diskutieren. Unter Gehölzen und Hecken lieber unkomplizierte Bodendecker pflanzen. Diese sehen schöner aus und haben einen ökologischen Mehrwert.

RASEN-ALTERNATIVEN: KLIMAANGEPASST UND ARTENREICH

Lange war Rasen der Inbegriff dessen, was ein Garten unbedingt haben sollte. Was steckten Gartenbesitzer an Zeit und Kosten in dieses Auslaufmodell: mähen, düngen, vertikutieren. Aber nun kommt er an seine Grenzen. Ohne Bewässerung funktioniert er nur noch in wenigen Regionen. Und für einen resilienten Naturgarten ist dieses Einheitsgrün sowieso keine keine Option, ihm fehlt die Vielfalt.

Wiesen hingegen bringen all das mit, was einem Rasen fehlt: Sie sind artenreich, die in ihr enthaltenen, tief wurzelnden Pflanzen kommen bestens über Durststrecken hinweg und Blüten liefern Wildbienen und anderen Insekten im Sommer Nahrung. Überhaupt sind Wiesen ein Kosmos an Leben: Hier zirpt es, hier tut sich was. Wichtig ist allerdings, dass ihr Saatgut verwendet, in dem auch wirklich Wiesenpflanzen – ausschließlich heimische Kräuter und Gräser – enthalten sind. Die Pflege unterscheidet sich auch vom Vielschnittrasen, denn Wiesen dürfen nicht häufig gemäht werden. Sinnvoll ist zwei- bis dreimal im Jahr. Ein Kompromiss aus Wiese und Rasen ist der Kräuterrasen: Hier könnt ihr selbst entscheiden, was stehen bleibt oder wachsen soll. Gewisse Bereiche, wo ihr euch viel aufhaltet, werden auch häufig gemäht, andere extensive dementsprechend weniger.

Bodendecker für sonnige Extremstandorte müssen noch mehr aushalten als Wiesenpflanzen. Vor allem auf sandigen, durchlässigen Böden funktioniert eine Wiese oft nicht mehr so recht und trotzdem wächst dort auch bei größter Hitze und Trockenheit noch etwas. Und dieses „Etwas" fasziniert mich immer wieder:

Sand-Thymian *(Thymus serpyllum)*. Er lässt sich als Saatgut ausbringen. Er keimt recht zügig. Bis sich allerdings die Pflanzendecke geschlossen hat, dauert es auf alle Fälle ein Jahr. Aber dann ist sie konstant – Duft und Blütenmeer inbegriffen.

Das zartgelb blühende Kleine Habichtskraut *(Hieracium pilosella)*. Dieses pflanzt man als Staude, es genügen sieben Stück pro Quadratmeter. Seine Strategie ist, durch Ausläufer jegliche Konkurrenz auszuschalten und den Boden zu schließen. Und das funktioniert immer und geht unglaublich schnell.

Mein Tipp:
Sammelt im Sommer beim Spaziergehen Samen von Wiesenblumen und streut diese einfach mal in eure Wiese.

Auf der Suche nach Regenwürmern

Organischer Dünger für Starkzehrer

Angesetzte Brennnessel-Jauche

Schafwolle düngt und schützt.

NATÜRLICH DÜNGEN?

Mich fasziniert, dass Wildpflanzen ohne Düngung zurechtkommen. Das sehe ich täglich bei mir im Garten. Viele heimische Arten vertragen Dünger überhaupt nicht, wie der heimische Wiesen-Salbei *(Salvia pratensis)*. Wiesenkräuter reagieren sehr empfindlich auf hohen Stickstoffeintrag und können im schlimmsten Fall sogar eingehen.

Aber es gibt im Garten auch Starkzehrer wie Gemüse, die Unterstützung brauchen. Konventionelle Mineraldünger haben es schwer bei mir. Wer die natürlichen Abläufe einhält und beobachtet, merkt, dass wir diese so in der Form gar nicht benötigen.

Brennnesseljauche

Hierzu im Juni oder Juli die oberen Pflanzenteile von Brennnesseln kleinschneiden und in einem Eimer mit Wasser ansetzen. Für weniger Geruchsbildung etwas Gesteinsmehl dazugeben. Abdecken (aber nicht dicht!) und täglich umrühren. Schon nach ein paar Tagen beginnt die Brühe zu gären. Wenn sie damit aufhört, ist sie fertig, meist nach ca. 14 Tagen – jetzt kann abgeseiht werden.

Diese Jauche gehört eindeutig zu den „Wundermitteln" im Biogarten: Sie versorgt Gemüse mit Stickstoff, Kalium und Kieselsäure, wirkt gegen Blattläuse und stärkt ganz allgemein die Bodenstruktur. Hierfür müsst ihr den Sud 1 : 10 mit Wasser verdünnen und mit einer Gießkanne dort ausbringen, wo er benötigt wird.

Kompost

Er ist in einem Naturgarten, welcher Größe auch immer, unersetzlich. Denn Kompost beinhaltet die natürlichen Kreisläufe und ist Lebensraum für viele Tiere, nicht nur für Regenwürmer. Da kann es schon passieren, dass man beim Umsetzen einen Igel oder eine Blindschleiche stört. Also vorsichtig mit dem Schaufeln beginnen. Egal wie groß euer Garten ist, ihr braucht einen Kompost. Irgendwohin müsst ihr mit euren Garten- und Küchenabfällen. Diese verrotten, und daraus entsteht gute, organische Erde. Und die wird wiederum für die Gemüse- oder Bauerngartenbeete benötigt.
Die Frage des Standortes ist manchmal gar nicht so einfach. Ein Komposter sollte auf keinen Fall in voller Sonne stehen, gut wäre im Nordosten. Ich lassen ihn gerne hinter ein paar Sträuchern oder hohen Stauden verschwinden. Vorsicht, eines müsst ihr unbedingt vermeiden: frisch gejätete Wurzelunkräuter hier zu entsorgen. Diese werden sonst mit dem fertigen Kompost im ganzen Garten verteilt. Keine gute Idee! Ich lasse die Wurzeln an einem sonnig-heißen Platz immer komplett vertrocknen. Erst, wenn ich ganz sicher bin, kommen sie auf den Kompost. Samenunkräuter jäte ich spätestens kurz nach der Blüte und sie wandern direkt zur Zersetzung auf den Haufen.

Im Herbst, spätestens im sehr zeitigen Frühjahr wird der reife Kompost auf den Gemüsebeeten und im Bauerngarten verteilt. Er verbessert die Bodenstruktur und ist Basis für gesundes Pflanzenwachstum.

Organischer Dünger von Tieren

Beerensträucher oder Rosen brauchen viel Kraft, weshalb sie gut gedüngt werden müssen. Hierzu eignet sich abgelagerter Pferde- oder Kuhmist. Ich verteile ihn im Herbst, so können die Nährstoffe langsam über den Winter in den Boden eindringen, inklusive der Kleinstlebewesen, und stehen im Frühling der Pflanze zur Verfügung. Falls ihr wenig Kontakte zu Landwirten habt, könnt ihr fertigen, gut verrotteten Humus bei Gärtnereien kaufen. Alternativ gehen auch Hornspäne oder unbehandelte Schafwolle. So verrückt es klingt, aber Schafhalter wissen oftmals gar nicht, wohin damit. Falls ihr einen Schäfer ausfindig machen könnt, fragt nach Wolle. Diese ist ein grandioser Dünger für die Pflanzung: einfach ins Pflanzloch an die Wurzeln etwas davon reinlegen. Alternativ Schafwoll-Pellets kaufen.

Mein Tipp:
Achtet beim Kauf von Pflanzerde unbedingt darauf, dass diese torffrei ist. Durch Torfabbau werden immer noch Moore großflächig zerstört.

Aus eins mach zwei: Im Frühling können Stauden und Gräser geteilt werden.

Samen trocknen und in beschrifteten Tütchen für die nächste Aussaat verwahren.

ARBEITEN IM EINKLANG MIT DEN JAHRESZEITEN

Frühling

Das ist eindeutig die arbeitsintensivste Jahreszeit: Hier schaffen wir die Basis für das Gartenjahr.
Entfernt das restliche Laub von euren Wiesen. Bevor sich die ersten Frühjahrsblüher zeigen, werden die über den Winter stehen gelassenen Pflanzenteile der Stauden abgeschnitten. Wichtig ist die Durchsicht und wo nötig, das Jäten in den bestehenden Stauden- und Pflanzbeeten. Immer wieder drüberschauen, ihr müsst nicht in einem Gewaltakt den gesamten Garten auf einmal startklar machen. Zumal sich Unerwünschtes auch nicht sofort zeigt, sondern genauso ins Wachstumsjahr startet wie unsere Stauden. Nutzt es aus, dass die Stauden klein sind bzw. teils noch gar nicht ausgetrieben haben. Wenn ihr jetzt konsequent dranbleibt, habt ihr später im Jahr deutlich weniger Aufwand.

Jetzt ist auch der richtige Zeitpunkt, Pflanzen zu teilen, zu versetzen oder zu entfernen. Falls ihr im Herbst den Gemüsegarten nicht mehr bearbeitet habt, erfolgt dies jetzt: je früher, desto besser. Auf der Fensterbank Gemüse vorziehen, erste Direktaussaaten wie Sommerblumen oder Rucola können ins Beet. Und im späten Frühjahr beginnt auch die Pflanzzeit von Stauden: Diese entweder ins komplett neu angelegte Beet oder als Ergänzung in bestehende Beete setzen. Über das Jahr die Konkurrenz-Pflanzen im Blick behalten. Nach den Eisheiligen können die ersten Salate und wärmeliebenden Gemüsepflanzen raus.

Sommer

Besonders im Hochsommer wird es im Naturgarten etwas ruhiger, entfällt ja das häufige Gießen, was in anderen Gärten viel Zeit kostet – nur im Gemüsegarten kommen wir nicht drum herum. Dafür dürfen wir auch ernten: Gemüse, Kräuter und Obst. Apropos: Falls eure Apfelbäume mal zu groß werden sollten, reduziert ein Sommerschnitt das Wachstum am effektivsten.

Was noch ansteht, ist die Wiesenpflege: Der erste Schnitt erfolgt – am besten und einfachsten mit einer

Zusammengerechtes Laub im Herbst entweder auf den Kompost oder ins Wilde Eck geben.

Gegen Ende des Winters beginnt das Gartenjahr mit dem Gehölzschnitt.

(Motor-)Sense – im Mai/Juni, wobei ihr einen kleinen Teil der Wiese zum Versamen stehen lassen solltet, der zweite im Spätsommer. Wenn ihr eine Wiese neu anlegen möchtet, nutzt den Sommer für die vorbereitenden Erdarbeiten. Ansaat ist ab Mitte August.

Ansonsten den Garten genießen, Tiere beobachten und ab und zu pflegend eingreifen: Unerwünschtes oder auch mal Samenstände entfernen, falls einem etwas zu viel wird.

Herbst

Jetzt ist Haupt-Pflanzzeit, vor allem für Gehölze, aber auch für Stauden und Gräser. Das bedeutet, dass Pflanz- und Beetvorbereitungen zu erledigen sind. Je nach Projekt kann das eine größere Sache werden, teilt euch die Zeit realistisch ein.

Eine meiner Lieblingsarbeiten ist die Apfel- und Birnenernte, entweder für die Lagerung oder für Saft. Was auch ausschließlich nur jetzt erfolgt, ist das Stecken von Blumenzwiebeln. Falls ihr besondere haben wollt, solltet ihr diese schon im Sommer besorgen. Erfahrungsgemäß gibt's im Herbst nur noch „Ladenhüter". Nach dem ersten Frost, meist bei Schmuddelwetter, heißt es nun das Laub von den Wiesen zusammenzurechen – entweder in eine wilde Ecke bringen und dort aufhäufeln oder auf den Kompost geben.

Winter

Nun ist erst einmal Verschnaufpause angesagt, erfahrungsgemäß blockiert Weihnachten jegliche Outdoorarbeiten. Aber vielleicht habt ihr ja zwischendurch Muße, Nistkästen fürs Frühjahr zu bauen. Oder, falls es ein milder Winter ist, Mist oder Kompost an Beerensträuchern und Rosen auszubringen. Auf jeden Fall beginnt ab Mitte Januar langsam das Gartenjahr. Nutzt die ruhige Zeit, um euch Gedanken zu machen, was es bringen soll – vielleicht auch Veränderungen. Stellt Pflanzlisten zusammen, recherchiert bzgl. Saatgut für den Gemüse- und Blumengarten. Konkret steht der Gehölzschnitt an, vor allem von Obstbäumen, Spalierobst und Beeren. Nicht zu früh, achtet darauf, dass die Phase von Extremfrost vorbei ist, meist ab Ende Februar.

PFLANZEN FÜR KLEINE NATUR-GÄRTEN

MEINE LIEBLINGSSTAUDEN FÜR SONNIGE BEREICHE

SONNENANBETER: Für sehr sonnige Bereiche habe ich einige meiner Lieblingsstauden zusammengestellt. Ihr findet sie auch teilweise in den Musterbeeten. In den Porträts bekommt ihr noch ein paar zusätzliche Informationen zu der jeweiligen Pflanze. Alle Arten sind in irgendeiner Form nützlich für Tiere – entweder sind die Blüten Pollen- und Nektarspender für Insekten oder die Samen Futter für Vögel – oder beides.

STANDORT: Zusätzlich zu ihrer Vorliebe für viel Licht bin ich auf die Bodenansprüche eingegangen. Denn der Boden bildet ja die Basis. Fast alle Arten, bis auf ein paar Ausnahmen, sind sehr anpassungsfähig. Sie wachsen sowohl in einem durchlässigen, mageren als auch in einem nährstoffreichen „normalen" Gartenboden. Wie gut sie mit Trockenheit zurechtkommen, wird auch erwähnt.

VERWENDUNG: Je nach Größe und Standortansprüchen ergibt sich oft automatisch die Verwendung und Platzierung im Beet. Zudem bin ich auf das Wuchsverhalten kurz eingegangen und ob sich die Pflanzen selbst versamen, ausbreiten oder eher zögerlich wachsen. Denn dies ist entscheidend dafür, wie viele Pflanzen ich pro Quadratmeter setze.

BERGMINZE
Calamintha nepeta 'Triumphator'

HEISS UND SONNIG darf es sein. Auch extreme Trockenheit wird vertragen. Sommerlicher Dauerblüher von Juli bis Oktober für Steingärten, im Beetvordergrund oder als Wegebegleiter. Wird nur 40 cm hoch.

DER MINZEDUFT der Blätter ist einmalig, obwohl sie keine echte Minze ist. Ihre unzähligen weißen Blüten wirken zart und sind sehr beliebt bei Bienen.

VERSAMT sich gerne. Dann einfach rechtzeitig zurückschneiden.

BLAUNESSEL
Agastache rugosa 'Blue Fortune'

SCHNELLWÜCHSIGE und unkomplizierte, aber nicht sehr langlebige Staude.

VOLLE SONNE passt perfekt. Der Boden darf nährstoffhaltig, auch sandig-mager, aber nicht zu trocken sein. Eher für den Beethintergrund.

SCHÖNE BLÜTENKERZEN, die 80 cm hoch straff im Beet stehen – von Juli bis Oktober absolute Insektenmagnete. Blätter und Blüten kann man auch als Tee verwenden.

BLUT-WEIDERICH
Lythrum salicaria

UNERMÜDLICHER, heimischer Hochsommerblüher von Juli bis September. Seine tiefrosafarbenen Blütenkerzen sind standstark, werden bis zu 2 m hoch und bieten Insekten Nahrung.

PASST BESTENS in klassische Staudenbeete. Er liebt es sonnig bis halbschattig und mag eher nährstoffreichen, feuchten Boden, verträgt aber auch mal Trockenheit. Schöne Herbstfärbung.

ZARTER im Wuchs ist der Ruten-Weiderich *(Lythrum virgatum)*.

HANFBLÄTTRIGER EIBISCH
Althaea cannabina

EIN EYECATCHER ist diese wüchsige Staude mit zauberhaften, kleinen Blüten von August bis Oktober. Wegen der filigranen, bis zu 130 cm hohen Gestalt in den Hintergrund setzen, am besten angelehnt an einen Zaun.

VERTRÄGT TROCKENHEIT und braucht es sonnig. Der Boden sollte durchlässig und nahrhaft sein. Wegen seiner Pfahlwurzel später nicht mehr versetzen.

ALS KÜBELPFLANZE für größere Gefäße geeignet.

KLEINER MANNSTREU
Eryngium planum

EXOTISCH und bizarr wirkt diese heimische Art. Seine stahlblaue Erscheinung zieht Schwebfliegen und Bienen an, sie freuen sich im Juli und August über die Blüten.

DURCHLÄSSIGER, trockener Standort in der vollen Sonne. Auf keinen Fall düngen, braucht wenig Nährstoffe. Schön zwischen anderen Stauden, da er etwas kippelt (60 cm hoch).

DIE SORTE 'BLAUKAPPE' ist noch kräftiger blau als die Wildform.

KNÄUEL-GLOCKENBLUME
Campanula glomerata

GLOCKENBLUMENBLÜTEN in Dunkelviolett leuchten bei dieser heimischen, bis zu 50 cm hohen Staude von Juni bis August.

ALS ALLROUNDERIN wächst sie in trockenen bis frischen Böden, Hauptsache kalkhaltig. Sogar etwas Schatten verträgt die Sonnenanbeterin. Schön im klassischen Staudenbeet. Vermehrt sich leicht durch Aussaat.

DIE KLEINE SCHWESTER 'Acaulis' passt in den Gravel Garden.

KÜCHENSCHELLE
Pulsatilla vulgaris

VIOLETTE BLÜTENGLOCKEN läuten im März/April das Gartenjahr ein – die Hummeln freuen sich. Neben den Blüten sind auch die fedrig-wuscheligen Samenstände der nur 20 cm hohen Staude hübsch.

WÄCHST IN DER NATUR auf sonnigen Trockenrasen und mag genau das auch im Garten: Auf durchlässigem, kalkhaltigem Boden versamt sie sich.

FARBVARIANTEN gibt's auch in Weiß und Purpurrot.

KUGELDISTEL
Echinops ritro

TANZENDE BLÜTENBÄLLE bereichern den Garten von Juli bis September. Die stahlbauen Blüten locken Wildbienen und Schmetterlinge an.

SEHR ANSPRUCHSLOS, wächst in der Sonne in normalem Gartenboden wie in Trockenbereichen. Wegen ihrer Größe (100 bis 130 cm) ist sie für den Hintergrund ideal. Samenstände über den Winter stehen lassen.

ETWAS KLEINER bleibt die Sorte 'Veitch's Blue'.

OCHSENAUGE
Buphthalmum salicifolium

HEIMISCHE WILDSTAUDE, blüht leuchtend gelb von Juni bis September.

FÜR TROCKENE STANDORTE in der Sonne. Normaler Gartenboden und leichter Halbschatten werden vertragen. Nicht düngen! Wegen des kompakten Wuchses (ca. 40 cm hoch) perfekt für den Beetvordergrund, Gravel Garden, Steingärten oder entlang von Wegen.

DIE SORTEN 'DORA' wächst noch kompakter als die Wildart.

PURPUR-LEINKRAUT
Linaria purpurea

FILIGRAN schwebt dieses Leinkraut bogig über der Pflanzung (ca. 70 cm hoch). Hinzu kommt seine lange Blütezeit von Juni bis Oktober – ein Must-have.

TROCKENER bis normaler Boden wird gut vertragen, Hauptsache sonnig. Toll im Gravel Garden als Solitär oder in Kombi mit anderen Stauden. Versamt sich gern – wird es zu viel, rechtzeitig zurückschneiden!

FARBSPIEL GARANTIERT von Lila bis Hellrosa.

PURPUR-WITWENBLUME
Knautia macedonica

ALS DAUERBLÜHER von Juni bis September dürfen diese Insektenmagnete nicht fehlen. Im Herbst sammeln Finken die Samen.

WÄCHST GENÜGSAM auf allen Bodenarten in der Sonne, verträgt auch Trockenheit. Je mehr Nähstoffe, desto höher wächst sie: 60 bis 100 cm. Am besten zwischen andere Stauden einweben, da sie etwas kippelt.

HEIMISCHE ALTERNATIVE ist die lilafarbene, zartere Wiesen-Witwenblume *(Knautia arvensis)*.

RAUBLATT-ASTER
Aster novae-angliae 'Rubinschatz'

IM HERBST von September bis November hat sie ihren großen Auftritt in Rubinrot. Die Raublatt-Aster hat ein gesundes Blatt und wird nicht von Schnecken gefressen.

EINEN GUTEN, nicht zu trockenen Boden und Sonne – das braucht sie. Trotz ihrer Größe von bis zu 130 cm ist sie standfest und daher optimal für den Beethintergrund geeignet.

FARBVIELFALT: Es gibt auch Sorten in Lila und Zartrosa.

WIESEN-SALBEI
Salvia pratensis 'Rose Rhapsody'

WIESENHAFT LOCKER wirken die Blüten des 40 cm hohen heimischen Salbeis, hier rosafarben. Seine Blüten werden von Hummeln geliebt.

SCHÖNE STAUDE für natürliche Kombis. Von trockenem bis zu normalem Boden geht alles in der Sonne. Niemals düngen! Nach der Hauptblüte von Mai bis Juli zurückschneiden, dann blüht sie im September nochmals.

LILA ALTERNATIVE ist die blau blühende Wildform.

WEISSBLÜHENDE KÖNIGSKERZE
Verbascum nigrum 'Album'

WUNDERSCHÖNE aufrechte Blütenstände von Juni bis August zeichnen diese heimische, mehrjährige Königskerze aus.

EIN ETWAS NAHRHAFTERER Gartenboden ist zu empfehlen. Verträgt auch mal Trockenheit, aber nicht auf Dauer. Ihre standhaften, nur 120 cm hohen Kerzen wirken schön im Beethintergrund.

LEUCHTERFÖRMIGE Blütenstände hat die Chaix-Königskerze 'Wedding Candles'.

GARTEN-SANDROHR
Calamagrostis × acutiflora 'Karl Foerster'

STRAFFE STRUKTUR bringen die 160 cm hohen Blütenrispen ins Beet. Treibt im Frühling aus und blüht von Juni bis September.

UNKOMPLIZIERTES heimisches Ziergras für alle Gartenböden in der Sonne. Wegen der standstarken Halme benötigt es nur wenig Platz im Staudenbeet und ist eher für den Hintergrund. Hoher Zierwert im Winter, deshalb erst kurz vor Blattaustrieb zurückschneiden.

NIEDRIGER, mit gestreiften Blättern wächst die Sorte 'Overdam'.

ZARTES FEDERGRAS
Stipa tenuissima

FLAUSCHIG und trotzdem üppig ist dieses sehr dekorative, etwa 60 cm hohe Gras.

EIN MUSS ist ein durchlässiger, am besten sandiger Untergrund. In lehmigen Böden geht es ein. Liebt Trockenheit – ideal für den Gravel Garden oder extrem sonnige Steppenbeete.

KURZLEBIGES GRAS, versamt sich aber nach der Blüte im Hochsommer gut. Abgestorbene Halme im Frühling einfach auskämmen.

BLAUSTRAHLHAFER
Helictotrichon sempervirens

ELEGANT wirkt dieses blaubereifte ca. 100 cm hohe Gras. Seine Blüten stehen von Juni bis August locker über den Blatthorsten.

EIN GRAS FÜR SONNIGE, trockene, auch extreme Standorte. Wichtig ist ein durchlässiger Boden. Schön in mediterraner oder steppenartiger Pflanzung, aber auch in Einzelstellung. Wintergrün, Rückschnitt im sehr zeitigen Frühjahr.

UNPROBLEMATISCH, da es weder Ausläufer macht noch sich stark versamt.

Erste Bienen am Elfen-Krokus

Herbstblühendes Alpenveilchen

Insektenweide Kugel-Lauch

Wild-Narzissen sind langlebig.

ZWIEBELBLUMEN

Es gibt unglaublich viele unterschiedliche Zwiebelgewächse: Wildformen und hochgezüchtete Sorten wie Tulpen (die ich nicht beschreibe, weil sie meist nur sehr kurzlebig sind). Aber alle haben eins gemeinsam: Die Zwiebel ist ihr Speicherorgan, ihre Lebensversicherung für schlechte Zeiten. Ich habe hier diejenigen aufgeführt, mit denen ich über viele Jahre gute Erfahrung gemacht habe. Für alle gilt als Pflanztermin der Herbst, außer für das Efeublättrige Alpenveilchen, das im Frühjahr in die Erde kommt.

Die Allerersten: Hierzu gehören die Klassiker wie Schneeglöckchen, Winterlinge und Krokusse. Bei Schneeglöckchen *(Galanthus)* gibt es zahlreiche Arten und Sorten, allerdings würde ich aus Kostengründen in Massen das klassische *Galanthus nivalis* setzen. Einer meiner Lieblingspflanzen ist der Elfen-Krokus *(Crocus tommasiunus)* wegen seiner grazilen Gestalt und der zartlila Blüten. Im Laufe der Zeit vermehrt er sich stark und bildet kurz nach der Schneeschmelze wundervolle Teppiche. Ähnlich wie auch der Winterling.

Die Unkomplizierten: Narzissen sind unglaublich dankbar und erhalten sich langfristig. Sie benötigen einen normalen Gartenboden, sogar Lehm macht ihnen wenig aus. Nur zu trocken darf es nicht sein. Die Wild-Narzisse *(Narcissus pseudonarcissus* ssp. *lobularis)* blüht mit als Erstes, wird nicht ganz so hoch und ist ein Leckerli für Hummeln. Sie versamt sich sogar. Laub einziehen lassen!

Die Sommerblüher: Zierlauch ist in, aber es gibt so viele Arten und Sorten: Manche blühen fast noch im Frühjahr, andere erst ab August, die einen sind niedrig, andere werden riesig. Aber alle sind absolute Bienenmagnete und möchten unbedingt in der Sonne, am liebsten sogar trocken wachsen. In schweren Böden versagen sie im Laufe der Zeit. Ich persönlich mag eher die etwas einfacheren Wildformen wie den Iran-Lauch *(Allium aflatunense)* oder den Kugel-Lauch *(Allium sphaerocephalon)* Immer in Gruppen zwischen Stauden setzen, damit sie wirken können.

Die Allerletzten: Auch im Herbst gibt es blühende Geophyten. Für den Schattengarten eignet sich das Efeublättrige Alpenveilchen *(Cyclamen hederifolium)* – ein überraschender, pinkfarbener Blühaspekt im Herbst. Unverwüstlich und sehr robust. Nicht erschrecken, wenn ihr mal euer Schattenbeet bearbeitet und dort seine fast tellergroße Knolle im Boden entdeckt.

Mein Tipp:
An feuchteren Standorten fühlt sich der Märzenbecher wohl. Das ist Arterhalt im Garten, denn in der Natur ist er inzwischen selten.

MEINE LIEBLINGSSTAUDEN FÜR SCHATTIGE BEREICHE

KEIN SCHATTENDASEIN! Man könnte denken, dass in schattigen Ecken nichts wächst und blüht. Doch es gibt richtig schöne Waldstauden, die sich auch im Garten wohlfühlen. Und da sie heimisch sind, haben auch die Tiere etwas davon. Für die schattigen Musterbeete habe ich vorwiegend solche Arten ausgewählt – schön, aber unkompliziert. Schattenstauden blühen eher im Frühling, dafür haben einige sehr schönes Laub: Ein Schattengarten lebt vom „Grün" und den Strukturen der Blätter.

STANDORT UND VERWENDUNG: Viele Schattenpflanzen wollen, da sie aus dem Wald kommen, eher ein humoses, nicht zu trockenes Beet im Garten. Deshalb gedeihen sie gut unter Gehölzen, vorausgesetzt, diese haben – wegen der Konkurrenz – keine flachen Wurzeln. Auch herabfallendes Laub stört Schattenstauden nicht, ganz im Gegenteil, es ist Nahrung für die kommende Vegetationsperiode.

SCHATTEN ODER HALBSCHATTEN? Schatten ist eindeutig, zum Beispiel tiefer Schlagschatten einer Hauswand. Unter Bäumen gibt es dagegen etwas mehr Licht, sogenannter lichter Schatten. Halbschatten bedeutet, dass es nur nachmittags schattig ist, vormittags jedoch noch sonnig sein kann. Nicht umgekehrt!

AKELEI

Aquilegia vulgaris

EIN HUMMELMAGNET. Dafür liebe ich die 60 cm hohe Staude, die von Mai bis Juli blüht.

WÄCHST IN HALBSCHATTEN und Sonne. Mag normalen Gartenboden, verträgt auch etwas Trockenheit. Im Sommer vergilben oft ihre Blätter. Am besten komplett zurückschneiden, danach treibt sie neu aus.

FARB- UND FORMVARIANTEN entstehen im Laufe der Zeit durch Versamung. Gut bestäubt setzt sie viele Samen an und beginnt sich im Garten auszubreiten.

BERG-FLOCKENBLUME

Centaurea montana

IN DER NATUR ist diese Staude an Waldrändern zu finden. Ihre blauen Blüten mit lilafarbener Mitte strahlen wunderschön von Mai bis Juli.

AUF GUTE VERSORGUNG mit Nährstoffen achten und nicht zu trocken halten. Dann ist sie dankbar und unkompliziert. Liebt Halbschatten, Sonne wird aber auch vertragen.

WIRKT AM SCHÖNSTEN in der Beetmitte, da sie etwas kippelt. Wird ca. 50 cm hoch.

GROSSE STERNDOLDE
Astrantia major

INSEKTENWEIDE mit zartrosa Blüten von Juni bis September.

AUF FEUCHT-FRISCHEM Boden in Halbschatten oder Sonne ist sie pflegleicht und kann sich durch Versamung vermehren. Langanhaltende Trockenheit verträgt sie schlecht. Wegen ihres kompakten Wuchses (ca. 60 cm) perfekt für den Beetvordergrund geeignet.

SORTENVIELFALT von weißlichgrün bis dunkelpurpurfarben.

GROSSE STERNMIERE
Stellaria holostea

AUSBREITUNGSFREUDIGER Massenblüher: weißes Blütenmeer von April bis Juni.

UNKOMPLIZIERTE, schnellwüchsige Staude. Von trocken bis frisch funktionieren alle Gartenböden. Wird 40 cm hoch. Super als Bodendecker im (Halb-)Schatten unter Sträuchern oder neben kräftigen Schattenstauden.

DIE BLÄTTER können nach Trockenheit unansehnlich werden, dann zurückschneiden.

HERBST-ANEMONE
Anemone hupehensis 'Praecox'

SUPER HERBSTBLÜHER für schattige Problemzonen. Verträgt auch Halbschatten und Sonne. Rosa bis weiße Blüten mit gelber Mitte von August bis Oktober.

WÄCHST ZUNÄCHST recht zögerlich, aber einmal etabliert breitet sie sich langsam aus. Wird 90 cm hoch, macht sich gut im Hintergrund, vor Hecken und Sträuchern. Normaler Gartenboden.

WEISSE SORTEN wachsen weniger stark.

LEBERBLÜMCHEN
Hepatica nobilis

FRÜHJAHRSBLÜHER mit unglaublicher Leuchtkraft im März/April. Entwickelt sich anfangs gemächlich, mit der Zeit entstehen wunderschöne Hingucker.

AM LIEBSTEN mag es kalkhaltigen, trockenen Boden. Wächst gut im Halbschatten unter Laubgehölzen, die im Frühling Licht durchlassen. Schatten geht auch. Wird ca. 10 cm hoch.

DIE IMMERGRÜNEN Blätter schneide ich nach der Blüte zurück.

LERCHENSPORN
Corydalis lutea

ZART, ABER ZÄH! 25 cm hohe Wildstaude, die durch ihre lange Blütezeit von Mai bis September und filigranes Laub auffällt.

EXTREME TROCKENHEIT wird vertragen, aber auch normaler Gartenboden. Schön im Halbschattenbeet, aber auch im sonnigen Steingarten.

FÜR DEN ANFANG am besten ein paar Stauden im Beet pflanzen, bald wird sie sich vermehren und an den verrücktesten Stellen keimen und wachsen.

NESSEL-GLOCKENBLUME
Campanula trachelium

WUNDERSCHÖNE heimische Glockenblume, die im Hochsommer blüht und ca. 80 cm hoch wird. Ihre Blätter sind behaart, brennen aber nicht.

GENÜGSAME, eher kurzlebige Staude, die mit allen Böden zufrieden ist, sogar mit trockenen. Liebt Halbschatten oder Schatten, verträgt aber auch etwas Sonne. Versamt sich mit der Zeit. Schön vor Sträuchern.

WERMUTSTROPFEN: Schnecken mögen sie.

WALD-ASTER

Aster divaricatus

ALLROUNDER für schattige oder halbschattige Beete. Ich mag sie wegen ihrer weißen Blütenfülle im Spätsommer und den wuscheligen Samenständen im Herbst.

VERTRÄGT JEDEN BODEN und sogar Trockenheit. Sie hat einen lagernden Wuchs (ca. 50 cm hoch). Fasst man mehrere Pflanzen zusammen, lässt sie sich fast wie ein Bodendecker verwenden.

RÜCKSCHNITT wegen der Samenstände erst im Frühjahr.

WALD-SCHEINMOHN

Meconopsis cambrica

DAUERBLÜHER von Juni bis September mit leuchtend gelben Blüten, die auf 30 cm hohen Stielen über dem Grün tanzen. Schöner Farbkontrast zu Akeleien im Halbschattenbeet.

DER ROBUSTE, aber kurzlebige Scheinmohn sucht sich durch Versamung immer neue Plätze, ohne andere zu verdrängen.

VON TROCKEN BIS FEUCHT – alle Bodenarten funktionieren. Verträgt Schatten, Halbschatten und Sonne.

WALD-WINDRÖSCHEN

Anemone sylvestris

UNGEWÖHNLICHER Bodendecker ist die beste Beschreibung für diese heimische Staude. Durch Ausläufer bedeckt sie langsam den Boden, ca. 40 cm hoch.

TYPISCHE WEISSE Anemonenblüten erscheinen im Mai/Juni und später flauschige Samenstände.

SEHR ANPASSUNGSFÄHIG an ihren Standort ist diese Anemone: im Halbschatten, von leicht frisch bis sehr trocken darf der Boden sein, kalkhaltig wäre von Vorteil.

SCHILDFARN
Polystichum setiferum

GANZJÄHRIGE STRUKTUR bringt dieser immergrüne Farn mit wunderschönen Blättern ins Beet. Er wird ca. 60 cm hoch.

ALS WALDBEWOHNER braucht der Schildfarn im Garten einen schattigen oder halbschattigen Platz auf humosem Boden, um sich prächtig zu entwickeln. Im Laufe der Jahre wird er immer schöner.

NACH DEM WINTER sollten die alten Blätter entfernt werden.

SCHNEE-MARBEL
Luzula nivea

FRÖHLICHES nur 30 cm hohes Gras mit weißen, fluffigen Blütenständen im Juni und Juli, die zart über den immergrünen Blättern stehen.

FÜR HALBSCHATTEN und Schatten. Am besten ist normaler, nicht zu trockener Gartenboden, sogar Lehm geht.

SCHÖN WIRKT DAS GRAS flächig unter Gehölzen. Verdrängt andere Stauden nicht, da es keine Ausläufer macht. Rückschnitt im Frühjahr.

WALD-SCHMIELE
Deschampsia cespitosa

LEBENDIG UND FILIGRAN überziehen die Blüten der 50 cm hohen Wald-Schmiele von Juni bis Oktober schattige Partien. Zudem treibt sie früh aus – ein Must-have.

IM HALBSCHATTEN auf frischem bis trockenem Boden; steht sie sonnig, dann braucht sie normalen Gartenboden. Als Strukturgeber im Staudenbeet einsetzen, aber auch flächig vor Hecken oder unter Bäumen.

DIE SORTE 'PALAVA' bleibt etwas kleiner, samt nicht aus.

Herbstfärbung bei Wildem Wein

Üppig blühende Rambler-Rose

Wilde Clematis: schön und robust

Starkwüchsige Kiwibeere

KLETTERPFLANZEN

Das Potenzial zur Vertikalbegrünung möchte ich in Hausgärten, gerade wenn wenig Platz vorhanden ist, auf keinen Fall missen – als ökologische, grüne Nische. Es gibt Kletterpflanzen, die Rankhilfen benötigen und Arten, die sich selbst an Wänden festhalten, manche wachsen sehr stark, andere überschaubar.

Die Selbstbestimmten: Wilder Wein *(Parthenocissus)* und Efeu *(Hedera helix)* halten sich selbst fest: an Gebäuden, Mauern, ja sogar an Holz. Anfangs noch recht überschaubar wachsend, explodieren sie ab einem gewissen Alter nahezu. Hauswände sollte man regelmäßig kontrollieren und vor allem den immergrünen Efeu im Zaum halten. Trotzdem mag ich beide Kletterpflanzen sehr, denn sie sind ausgesprochen wichtige Spätsommerblüher für Wildbienen.

Die Stacheligen: Die schnell wachsenden Triebe der Kletterrosen (Rambler-Rosen) sind sehr biegsam. Rosenbögen oder Pergolen lassen sich damit optimal begrünen. Es gibt unzählige Sorten, darunter auch viele mit ungefüllten Blüten, welche schon fast Wildrosen-Charakter haben. All diese sind beste Pollenlieferanten für Hummeln. Im Herbst zieren kleine Hagebutten die Pflanzen.

Die Farbenfrohen: Schöne Blüten bildet das Geißblatt *(Lonicera caprifolium)* aus. Sie duften süß und ziehen Nachtfalter magisch an. Der Wuchs der heimischen Kletterpflanze ist mäßig, es hält sich schlingend an Stützpfosten fest. Es ist unkompliziert, braucht nur einen sonnigen Standort. Halbschatten möchte dagegen die bis zu vier Meter hoch werdende Wilde Waldrebe *(Clematis montana)* oder die italienische Clematis *(Clematis viticella).* Letztere ist nicht ganz so starkwüchsig. Sie erreicht eine Höhe von um die zwei Meter. Beide benötigen eine Kletterhilfe.

Die Schmackhaften: Mit Echtem Wein *(Vitis vinifera)* und der Trauben-Kiwi, auch Kiwibeere genannt *(Actinidia arguta)* könnt ihr an einer sonnigen Hauswand punkten. Beide sind unkompliziert, benötigen aber eine Rankhilfe. Bei der Kiwi solltet ihr eine selbstfruchtende Sorte wie 'Super Issai' auswählen. Grundsätzlich ist sie starkwüchsig, muss deshalb mehrmals im Jahr geschnitten werden, wohingegen der Echte Wein lediglich einen jährlichen Erziehungsschnitt braucht.

Mein Tipp:
Schützt eure Clematis in der Anfangszeit vor Nacktschnecken, indem ihr sie etwa zwei Jahre separat in einem Topf wachsen lasst.

MEINE LIEBLINGSSTRÄUCHER UND -BÄUME

PRÄGENDE, DRITTE DIMENSION sind im Garten Gehölze. Denn sie sind groß und hoch, und immer, also auch im Winter, als Struktur vorhanden. Im Gegensatz zu Stauden wachsen sie langsam. Je früher ihr Gehölze pflanzt, desto besser. Vor allem bei Bäumen bitte immer die endgültige Größe beachten. Da in einem kleinen Garten meist nur wenige Gehölze Platz finden, dürfen sie auch gerne einen doppelten Nutzen bringen: Blüten für Insekten, Früchte für und Vögel.

BÄUME LIEFERN Schatten und Kühlung im Sommer. Das ist so angenehm! Warum nicht sogar einen Waldgarten zum Thema machen? Im Frühling vor dem Laubaustrieb ist es sonnig und im Sommer dann herrlich schattig.

BÄUME FÜR DIE ZUKUNFT: Alle Gehölze, die ich empfehle haben den Klimacheck bestanden und kommen mit den veränderten Bedingungen wie Hitze, Trockenheit, aber auch Starkregen zurecht. Fast alle haben tiefreichende Pfahlwurzeln, über die sie sich aus den unteren Bodenschichten bei starker Trockenheit versorgen können. Das hat zugleich den Vorteil, das die Wurzeln keine Konkurrenz zur Unterpflanzung darstellen oder Beläge angehoben werden.

BLASENBAUM
Koelreuteria paniculata

KLEINE RASSELFRÜCHTE zieren im Herbst den kleinen Baum, dazu strahlt er in einer fantastischen Blattfärbung. Seine gelben Blüten im Sommer sind Insektenmagnete.

DIE KRONE ist eher locker und breit, der Baum wird maximal 8 m hoch. Er bildet einen oder mehrere malerische Stämme.

GEEIGNET für durchlässige, trockene und tiefgründigen Böden. Wegen seines eher bizarren Wuchses sollte er eine Alleinstellung bekommen.

FELSENBIRNE
Amelanchier ovalis

DIE MÜSST IHR HABEN! Sie blüht wunderschön im Frühling, im Sommer trägt sie essbare Beeren für Vögel und im Herbst verfärben sich die Blätter rostrot.

MEHRSTÄMMIGER STRAUCH, der bis zu 3,50 m hoch wird. Als Kleinbaum kann ich die Sorte 'Ballerina' empfehlen.

SCHÖN IN EINZELSTELLUNG mit einer Stauden-Unterpflanzung, aber auch in Wildhecken. Funktioniert in allen Böden, mag es sonnig.

FINNLAND-MEHLBEERE
Sorbus hybrida 'Gibbsii'

ROTE BEEREN im Überfluss sind ein Leckerbissen für Vögel im Spätsommer. Im Mai zeigen sich cremeweiße Blüten – toll für Wildbienen. Schöne Herbstfärbung.

BIS ZU 7 M HOHER Kleinbaum mit geschlossener, rundlicher Krone. Wächst eher langsam. Steht gern sonnig und funktioniert in allen Böden.

SCHÖN IM VORGARTEN. Als Tiefwurzler gut mit Stauden und Gräsern zu unterpflanzen.

JUDASBAUM
Cercis siliquastrum

PINKFARBENE BLÜTEN überziehen im Mai noch vor dem Blattaustrieb seine Äste. Hummeln lieben sie. Gelbe Blattfärbung und schotenartigen Früchte zieren im Herbst.

MEHRSTÄMMIGER Großstrauch oder bis zu 6 m hoher Kleinbaum in Hochstamm-Form. Unregelmäßiger, trichterförmiger Wuchs. Schöner Eyecatcher.

DER TIEFWURZLER verträgt Hitze und ist anspruchslos in Bezug auf Böden.

MANNA-ESCHE
Fraxinus ornus 'Anita'

DUFTENDE BLÜTEN in cremeweißen Rispen erscheinen von Mai bis Juni, allerdings noch nicht bei Jungbäumen. Gelbe Herbstfärbung der Blätter.

SCHÖN in Eingangsbereichen, wird bis zu 8 m groß. Sorte 'Anita' ist kleiner als die Art, deshalb gut für kleine Gärten.

WÄCHST FAST ÜBERALL, Hauptsache sonnig. Verträgt Hitze. Schwere Tonböden mag sie nicht.

SCHEINAKAZIE
Robinia margaretta 'Casque Rouge'

ALS SOMMERBLÜHER mit rosa Blüten ist die Akazie eine Zierde im Garten und als Hochstamm ein hübscher Schattenbaum in einer Wiese.

EHER SCHNELLWÜCHSIG erreicht der Baum eine Maximalhöhe von 7 m. Wegen seiner flachen Wurzeln nicht in der Nähe von Wegen oder Plätzen pflanzen.

UNKOMPLIZIERT und hitzetolerant, verträgt fast alles, außer Starkwind – da können Äste brechen.

WEIDENBLÄTTRIGE WILDBIRNE
Pyrus salicifolia

FAST WIE EIN OLIVENBAUM wirkt diese Birne mit ihren weißlich, behaarten Blättern und kleinen, grünen Früchten. Unscheinbare, weiße Blüten im Mai.

UNREGELMÄSSIGER, dicht verästelter Wuchs, wird bis zu 6 m hoch. Die Sorte 'Pendula' hat zudem hängende Zweige.

UNKOMPLIZIERT und für alle Böden geeignet, Hauptsache sonnig. Schön in Einzelstellung zu mediterraner oder steppenartiger Pflanzung.

ZIERAPFEL
Malus 'Evereste'

WEISSLICHROSA Massenblüher und Bienenweide im Mai, im Herbst rötliche Äpfelchen im Überfluss. Wird als Hochstamm bis zu 6 m hoch, mit lockerer Krone.

GANZ BESONDERS SCHÖN in Eingangsbereichen. Als Herzwurzler gut zu unterpflanzen. Normaler Gartenboden, von Sonne bis Halbschatten.

GROSSE SORTENVIELFALT. Ich mag 'Evereste' sehr, da er unkompliziert und robust ist.

Holunder, Must-have im Garten

Früchte der Kornelkirsche

Hagebutten, Früchte der Wild-Rose

Mispel – schön und ungewöhnlich

WILDOBST

Der große Vorteil für uns: Wildobst muss nicht in dem Maße geschnitten werden wie Kulturobst. Das bedeutet weniger Pflegeaufwand. Gestalterisch lässt es sich bestens in eine wilde Hecke integrieren oder als Solitärbaum verwenden. Optimale Doppelnutzung! Der große Vorteil für die Tierwelt: Die meist sehr attraktiven Blüten sind eine wichtige Nahrungsgrundlage für Insekten im Frühling. Und wer bei der Ernte der Früchte schneller ist, wird sich zeigen. Auf jeden Fall verschmähen Vögeln sie ganz sicher nicht.

Schwarzer Holunder *(Sambucus nigra)* ist mit seinen duftenden Blüten – wer liebt den Sirup nicht? – und gesunden Beeren ein super Kandidat für kleine Gärten. Der Strauch braucht viele Nährstoffe, weshalb er traditionell oft neben dem Misthaufen wuchs. Eine Kompostgabe tut es aber auch. Je sonniger er steht, desto mehr Blüten und süße Beeren setzt er an. Er ist zwar ein Strauch, kann aber bis zu sechs Meter groß werden.

Kornelkirsche *(Cornus mas)* ist so vielseitig, deshalb empfehle ich sie für jeden Garten. Sie liebt einen sonnigen Platz und kommt auch mit Trockenheit zurecht. Zunächst wächst sie etwas zögerlich, kann aber bis zu fünf Meter hoch werden. Sie ist so gut schnittverträglich, dass sie auch als Hecke funktioniert. Im zeitigen Frühjahr blüht sie kräftig gelb, im Frühsommer hat sie rote Vitamin-C-reiche Früchte.

Hunds-Rose *(Rosa canina)* ist die wohl bekannteste Wildrose. Sie wird etwa zwei Meter groß, ist trockenheitsverträglich und blüht im Frühsommer über und über in zartem Rosa. Aus ihren Früchten, den Hagebutten, lässt sich ein Vitamin-C-reicher Brotaufstrich herstellen.

Mispel *(Mespilus germanica)*, eine kaum bekannte Frucht. Zugegeben, die Verarbeitung ist so mühsam wie bei Quitten und sollte erst nach dem ersten Frost erfolgen. Aber neben ihren Früchten ist sie einfach ein unglaublich schöner, kleinerer Baum mit bizarrem Wuchs. Seine großen, weißen Blüten leuchten zwischen den etwas behaarten, ledrigen Blättern heraus. Er braucht einen sonnigen Platz und verträgt Trockenheit.

Mein Tipp:
Gut zu Wildobst passen Haselnuss-Sträucher. Einer reicht, denn sie werden im Laufe der Jahre recht groß. Achtet auf großfruchtige Sorten.

ZUM WEITERLESEN

Aufderheide, Ulrike: **Tiere pflanzen.** Faszinierende Partnerschaft zwischen Pflanzen und Tieren. Pala

Grindmayer, Elisabeth und Haßelbeck, Stephanie: **Slow Gardening.** Unser Weg zu einem naturnahen Küchengarten. Kosmos

Hecker, Katrin und Frank: **Wer Schmetterlinge liebt, muss Raupen füttern.** Insekten im Garten fördern und schützen. Kosmos

Kern, Simone: **Mein Garten summt!** Ein Platz für Bienen, Schmetterlinge & Hummeln. Kosmos

Kern, Simone: **Wild & bunt.** Naturnahe Gärten mit heimischen Pflanzen gestalten, Kosmos

Kern, Simone: **Wilde Kübel.** Unkompliziert, naturnah, insektenfreundlich. Kosmos

Kremer, Bruno: **Mein Garten – ein Bienenparadies.** Haupt

Oftring, Bärbel: **Alleskönner im Garten.** 80 Multitalente im Porträt: blütenreich, insektenfreundich & essbar. Kosmos

Oudolf, Piet und Gerritsen, Henk: **Dream plants for a natural garden.** Frances Lincoln

Richard, Peter: **Pflanzenkompositionen für den Naturgarten.** Haupt

Steiger, Peter: **Heimische Wildstauden im Garten.** Ulmer

Witt, Reinhard: **Nachhaltige Pflanzungen und Ansaaten.** Dr. Reinhard Witt

Wymann, Richard: **Gärtnern mit Sonne, Wind und Wetter.** Planung, Anbau und Pflege im Klimawandel. Haupt

ORGANISATIONEN, VEREINE UND VERBÄNDE

www.bluehende-landschaft.de
www.bund.net
www.gds-staudenfreunde.de
www.kommbio.de
www.lbv.de
www.nabu.de
www.natur-im-vvw.de
www.naturgarten.org
www.ufz.de

PFLANZEN UND SAATGUT

www.albrechthoch-shop.de
→ Blumenzwiebeln

www.allgäustauden.de
→ Bioland-Betrieb für Stauden, Kräuter, Gräser, Farne, Rosen, Blumenzwiebeln, Gehölze

www.arche-noah.at
→ Gesellschaft für den Erhalt und die Entwicklung der Kulturpflanzenvielfalt, Schaugarten, Bio-Saatgut und Blumenzwiebeln

www.bamberger-staudengarten.de
→ Stauden, Kräuter, Gräser, Farne, Wasserpflanzen

www.die-staudengaertnerei.de
→ Stauden, botanische Seltenheiten, Gräser, Farne

www.foerster-stauden.de
→ Stauden, Kräuter, Gräser, Farne

www.gaissmayer.de
→ Bioland-Gärtnerei: Stauden, Kräuter, Gräser, Farne

www.gaertnerei-strickler.de
→ Wildpflanzen

www.gewiehs-blumenzwiebeln.de
→ Blumenzwiebeln und Saatgut

www.graefin-von-zeppelin.de
→ Blumenzwiebeln, Stauden, Kräuter, Gräser, Farne, Rosen, Gehölze

www.hof-berggarten.de
→ Wildkräuter, Stauden, Samen

www.naturgartenvielfalt.de
→ Wildpflanzensaatgut

www.rieger-hofmann.de
→ Samen und Pflanzen gebietseigener Wildblumen und Wildgräser

www.rosenschule.de
→ Bioland-Rosengärtnerei: Rosen, Kräuter, Stauden, Clematis

www.sarastro-stauden.com
→ Winterharte Blütenstauden, Alpenpflanzen, Raritäten

www.stauden-augustin.de
→ Stauden, Bambus, Zubehör

www.stauden-haid.de
→ Bioland-Gärtnerei: Stauden, Gräser, Farne

www.stauden-kopf.at
→ Bio-Gärtnerei: Stauden, Kräuter, Gräser, Farne, Wasserpflanzen, Einjährige, Rosen, Gehölze, Schling- und Kletterpflanzen, Beerenobst

www.staudenspatz.de
→ Bioland-Gärtnerei in Oberbayern mit über 3000 Arten und Sorten winterharter Stauden

www.syringa-pflanzen.de
→ Duftpflanzen, Kräuter, Blumenzwiebeln und Samen, Kräutergärtnerei mit Schaugarten bei Singen

SAATGUT-TAUSCHBÖRSEN

www.saatgut-tauschen.de
www.tauschgarten.de
www.saatgutkampagne.org

NATURSCHUTZPRODUKTE

www.insekten-hotels.de
www.naturschutzcenter.de
www.vivara.de

REGISTER

BILDNACHWEIS

Mit 196 Farbfotos von **Elke Borkowski (5)**: 8, 14, 17, 28, 85 re.; **Flora Press (30)**: /Biosphoto: 11 o.; 12 u.li., 68 o.li.; /Buiten-Beeld: 30 o.re.; /Ellger, Barbara: 82 u.re., 109 li.; /flora production: 74; /Föll, Christine Ann: Innenklappe vorne Nr. 2, 103 li.; /gartenfoto: 23 li., 64 u.re.; /Hubert & Klein: 43; /Klaphake, Ute: 70 re.; /Kunze, Daniela: 88 o., 94 re.; /Michaelis-Haegner, Antje: 103 re.;/Need, Jonathan: 20; /Noack, Helga: 114 u.li.; /Otmar Diez: 63 li., 66 re., 92 u.li., 92 u.re.; /Peschel, Gudrun: Innenklappe vorne Nr. 4; /Pietrek, Sibylle: 64 o.li., 84, 128; /Redeleit & Junker: 2 u.re.; /Royal Horticultural Society: 79 re.; /Schmidt, Ulrike: 68 o.re.; /Visions Pictures: 68 u.li.; **GAP Photos (24)**: 44 o.re., 85 li.; 89 u.; /Annie Green-Armytage (Designer: Charlotte Harris & Hugo Bugg): 18; /Bjorn Hansson: 105 re.; /Carole Drake: 7; /Christa Brand: 32; /Howard Rice: 92 o.li.; /J S Sira: 30 u.re. (Design: Elaine Hughes), 56 o.li.; /Jonathan Buckley: 80, 95 re.; /Liz Every: 60 u.; /Lucy McNulty: 12 o.re.; /Maddie Thornhill: 44 o.li.; /Martin Hughes-Jones: 34 Mi.; /Maxine Adcock: 89 o.; /Nicola Stocken (Designer: Kate Gould): 24; /Rachel Warne: 23 re.; /Rice/Buckland: 92 o.re.;/Richard Bloom: 29 li., 79 li.; /Thomas Alamy: 64 o.re.; /Tim Gainey: 103 Mi.; **Naturbildarchiv Hecker (2)**: /Frank Hecker: 9 li., 82 u.li.; **Simone Kern (21)**: 2 u.li., 12 o.li., 12 u.re., 15 re., 25 re., 36, 40 Mi., 56 o.re., 56 u.li., 58 li., 66 li., 82 o.li., 82 o. re., 88 u., 100 re.; 105 Mi.; 106 o.li.; 106 u.re.; 112 Mi., 113 li., 113 re.; **mauritius images (9)**: /Alamy Stock Photos / Frank Hecker: 113 Mi.; /Alamy Stock Photos / Frank Teigler: 117 re.; /Alamy Stock Photos / Tim Gainey: 119 Mi.; /imagebroker: 68 u.re.; /Garden World Images / GWI/ Paul Lane: 118 li.; /Garden World Images / Trevor Sims: 118 re.; /McPHOTO / Hans-Roland Müller: 119 li.; /Pitopia: 112 li.; /Westend61 / Ekaterina Yakunina: 6; **Evi Pelzer (10)**: 15 li., 29 re., 33 re., 42, 46, 47, 51 li., 54 u., 56 u.re., 108; **Shutterstock (69)**: /ABO PHOTOGRAPHY: 87; /Alex Manders: Innenklappe vorne Nr. 3 + 5; 100 li.; /ALEXANDER V EVSTAFYEV: Außenklappe vorne; /Alina Kuptsova: 109 re.; /Anastasiia Malinich: 120 o.li.; /Andrey Abryutin: 58 re.; /Arnau Soler: 30 u.li.; /COULANGES: 114 o.re.;/Danny Hummel: 99 re.; /Diana Taliun: 72 o.li.; /Dina Rogatnykh: 25 li.; /Dirk Daniel Mann: 102 li.; / DUSAN ZIDAR: 70 li.; /Flower_Garden: 26 o.li., 48 Mi.; /fotografiko eugen: 106 u.li.; /Francesca Leslie: 102 re.; /GinaBe: 86; / Golden Shark 2: 102 Mi.; /grafvisions: 63 re.; /H.Tanaka: 34 o., 52 o.; /Helen Pitt: 105 li.; /High Mountain: 52 u.;/histoire_itinerante: 101 li.; /I. Rottlaender: Innenklappe vorne Nr 1; 40 o., 99 li.; / Ihor Hvozdetskyi: 101 re.; /Iva Vagnerova: 26 Mi.re., 110 re.; /Jaromir Jesensky: 101 Mi.; /JATomasevic: 114 o.li.; /JoannaTkaczuk: 76, 120 u.li.; /Kaichankava Larysa: 60 o.; /Kersti Lindstrom: 111 li.; /LapaiIrKrapai: 52 Mi., 110 li.; /Lia_Russy: 26 u.re.; /Lialina Olena: 112 re.; /LianeM: 95 li.; /M. Schuppich: 33 li.; /Milcho Petrov Milev: 72 o.re.; /mimi TOKYO: 40 u., /Mirjana Mutic: 118 Mi.; /Mishchenko Svitlana: 94 li.; /Nahhana: 60 Mi., 117 li.; /Nataliia Melnychuk: 111 re.; /Nedim Bajramovic: 120 u.re.; /nortivision: 30 o.li.; /nutt: 71 re.; /Oleksandr Filatov: 110 Mi.; /photoPOU: 48 o., 120 o.re.; /Photo-Saint-Tropez: 37 li.; /Pignatpictures: 44 u.li.; /Robert Buchel: 106 o.re.; /S.O.E: 48 u., 111 Mi.; /Tom Meaker: 71 li.; /Tsuguliev: 72 u.re.; /Valeriya_ Chistyakova: 114 u.re.; /Vankich1: 100 Mi.; /Vera Larina: 51 re.; / Walter Erhardt: 119 re; /Zvaleriya: 72 u.li.; **Gartenbildagentur Strauss (8)**: /Friedrich Strauss: 9 re., 10 u., 38, 50, 62, 78, 90, 116; **Annette Timmermann (18)**: 2 o., 4, 10 o., 11 u., 21, 22, 37 re., 44 u.re., 54 o., 55 o., 55 u., 59, 64 u. li., 77, 96, 98, 104, 125;

Mit 6 Illustrationen von Simone Kern.

IMPRESSUM

Umschlaggestaltung von Claudia Eder, Schönburg, unter Verwendung von 2 Farbfotos von Esther Joos (Umschlagvorderseite) und Annette Timmermann (Umschlagrückseite).

Mit 196 Farbfotos und 6 Farbzeichnungen.

Alle Angaben in diesem Buch sind sorgfältig geprüft und geben den neuesten Wissensstand bei der Veröffentlichung wieder. Da sich das Wissen aber laufend in rascher Folge weiterentwickelt und vergrößert, muss jeder Anwender prüfen, ob die Angaben nicht durch neuere Erkenntnisse überholt sind. Dazu muss er zum Beispiel Beipackzettel zu Dünge-, Pflanzenschutz- bzw. Pflanzenpflegemitteln lesen und genau befolgen sowie Gebrauchsanweisungen und Gesetze beachten.
Die Blütenfarben sind sortenabhängig, daher können auch Farben auf dem Markt sein, die im Buch nicht genannt werden. Die Blütezeiten sind ebenfalls sortenabhängig, aber auch klima- und standortabhängig. Die angegebenen Wuchshöhen und -breiten der Pflanzen sind Mittelwerte. Sie können je nach Nährstoffgehalt des Bodens variieren. Verschiedene Sorten können deutlich größer oder auch kleiner wachsen als die Art.

Gedruckt auf chlorfrei gebleichtem Papier

MIX
Papier | Fördert gute Waldnutzung
FSC® C011124

ISBN 978-3-440-17962-8
Redaktion: Carolin Küßner
Gestaltungskonzept: Claudia Eder, Schönburg
Gestaltung und Satz: Katrin Kleinschrot, Stuttgart
Produktion: Klaus Jost
Druck und Bindung: MohnMedia, Gütersloh
Printed in Germany / Imprimé en Allemagne